BIG DATA

大数据真相

谁动了我的数据？

杨绪宾　刘　洋　编著

华南理工大学出版社
SOUTH CHINA UNIVERSITY OF TECHNOLOGY PRESS

·广州·

图书在版编目（CIP）数据

　大数据真相：谁动了我的数据？/杨绪宾，刘洋编著. —广州：华南理工大学出版社，2018.8
　ISBN 978 - 7 - 5623 - 5726 - 1

　Ⅰ．①大… Ⅱ．①杨… ②刘… Ⅲ．①数据处理 - 研究 Ⅳ．①TP274

　中国版本图书馆 CIP 数据核字（2018）第 178541 号

Dashuju Zhenxiang：Shui Dongle Wo De Shuju？

大数据真相：谁动了我的数据？

杨绪宾　刘　洋　编著

出 版 人：卢家明
出版发行：华南理工大学出版社
　　　　　（广州五山华南理工大学 17 号楼，邮编 510640）
　　　　　http：//www. scutpress. com. cn　　E - mail：scutc13@ scut. edu. cn
　　　　　营销部电话：020 - 87113487　87111048（传真）
策划编辑：袁　泽　刘　锋
责任编辑：袁　泽　王荷英　刘　锋
印 刷 者：广州市新怡印务有限公司
开　　本：787mm×960mm　1/16　印张：14.5　字数：266 千
版　　次：2018 年 8 月第 1 版　2018 年 8 月第 1 次印刷
定　　价：68.00 元

大数据的发展是技术驱动的，与需求驱动的技术不同，当数据一旦成为核心资源被不断"挖掘"其价值的时候，数据所有者对如何保护自己的利益是非常模糊的。大部分组织和个人，一方面对自己的数据被非法利用或者隐私被泄露的现象深恶痛绝；另一方面对自己拥有多少数据资产，拥有什么数据资产，谁在利用自己的数据资产，如何保护自己的数据资产而不得其解。《大数据真相》针对这些社会热点问题，用生动活泼、接地气的写法系统而生动地揭示了"大数据真相"，相信本书会带给人们更多更新的思考。

广东省计算机信息网络安全协会会长、华南理工大学博士生导师、教授

　　《大数据真相》将与每个人息息相关的个人大数据抽丝剥茧，分析了大数据的经济价值，对大数据如何成为资产、如何转化为财富进行了深入浅出的阐述，揭示未来财富增长的"秘密"，并预言数据可以让个体在虚拟世界中实现"永生"的神话！未来已来，数字化生活就在眼前！让作者带我们进入数据时代的变革吧！

蓝盾股份有限公司副董事长兼总经理

　　《大数据真相》从保护个人数据安全角度出发，告诉我们个人数据的重要性及防范个人数据泄露的主要方法。学习和思考本书的内容，有助于我们懂得如何使用好数据、发挥数据的价值，促进大数据朝更好的方向发展。

启明星辰集团高级副总裁

　　大数据的应用越来越广泛，不论数据还是其他事物都具有多面性。《大数据真相》从数据的发展等多方位视角进行说明，告诉我们保护个人数据的同时也要合理利用数据，让数据从正能量的角度带给我们更加美好的生活。

浪潮集团高级副总裁、广东区总经理

大数据已渗透到各行各业中，是高新科技时代的产物，它正在协助众多企业不断发展新业务、创新运营模式、促进企业精准营销，让各方面的资源得到最大化利用。《大数据真相》从人们生活中所涉及的数据入手，深入阐述大数据与企业资本收益的关系、大数据与发展趋势的关系。整本书着眼于时代动向，意义深刻。大数据，让未来可感可知！

祝杰

广州市宏方网络科技公司创始人

人类的文明历史是一个不断被数据化的过程，形成了对应于物理世界的数据世界。在数据信息大爆炸的今天，人类已走到全新文明的前夜，对数据世界和数据权利的探研是整个人类层面的重大课题。《大数据真相》对数据本质、数据权利、数据使用、数据未来做出了新颖独到且系统深刻的前瞻探析，意义重大，价值非凡，是透悉数据世界的上乘佳作！

大西洲科技公司总裁

大数据技术的飞速发展，使大数据应用悄然渗透到人们生活的方方面面。当人们热议着大数据给生活带来便利的时候、当 IT 大鳄享受着大数据饕餮盛宴的时候，作者以冷静的观察、缜密的思维、全面的视角，为你打开了解大数据真相的另一扇窗……

广东省计算技术应用研究所咨询部部长

大数据时代，你还有隐私吗？

不知何时，你的手机暴响，一个暧昧的女声问你：大哥，你最近股票赚吗？你将手机调为振动。不久，它又开始肆意地振荡：先生，我们是××养生堂，中年男人普遍压力过大，需要功能调理，我们真诚地……有朋友都快崩溃了：自他去过男科医院，他的手机和座机便不得安生，一会儿介绍"威尔刚"，一会儿推荐"秃鸡散"，一会儿强调"秘鲁丹"——总而言之，所有的声音对他都是一种暗示性羞辱：阳痿、阳痿、阳痿……"我要告他们!!!"他高叫，他跺脚，但是他该告谁呢？他去过的男科医院或相关门诊并非一两家，所有的病历卡必须填上相关资讯，可以是手机，也可以是座机，但绝不容许空白，因此所有医院都有出卖他的可能。

理财推荐、房屋中介、移民指南——银行、保险、医院、电信、快递、网站……个个都拥有你的资讯。到底是谁把我们出卖了？是谁把这些鬼魅引来的？是谁让我们惹上了无穷无尽的询问、搭讪、骚扰、窥探？

作为普通人，你可能对自己的数据被利用到何种境地还缺乏感受。新闻里的"徐玉玉案"令公众不寒而栗——因为考生信息被泄露，家境困难的高中毕业生徐玉玉，在接到大学录取通知书后，随即也接到一通电信诈骗电话，被以办理助学金为由骗走9900元学费，伤心欲绝之下，年轻的女孩心脏骤停而亡。

某朋友至今对某邮箱"疑似被黑"的事故印象深刻——过亿条用户名、密码、登录IP、生日等信息被窃。尽管该公司否认数据库遭到攻击，称是黑客获得了部分用户在其他平台相同的账号和密码，撞库所得。有人养成好习惯，每次接到快递包裹，都会用黑色记号笔逐条划掉快递包裹上的所有信息，包括收货人姓名、联系方式、收货地址等等。因小区楼下收废品的人，可能会把纸箱上的信息单撕下来，然后转手倒卖出去。不久这笔数据交易会招致一通推销甚至诈骗电话找上门来。这些事可能发生在每个人身上，平日多做些预防工作总没错。但不为人知的是，无论你划掉多少张快递单，个人信息泄露防不胜防。有朋友说收废品捡快递单的方法效率太 low 了，现在都直接从淘宝店主那端买发货单，5 块钱一张。

世界从未变得如此数据驱动。大家都在谈论人工智能、个性化推荐、精准营销，世界从未如此渴望知道"你"是谁；从金融到医疗，从广告到电商，各行各业从未像现在这样对数据充满渴求。

大家都意识到了：数据，是新商业时代最重要的议题。

一位行业内人士透露，为了描述和分析一个用户画像，阿里巴巴构建了 741 个维度来收集数据。"弱数据甚至更多。所有的数据，你买过什么，购买频率和价格，你住在哪里，你有多少钱，他全知道。"

当前大公司之间为了争夺数据，爆发了前所未有的争斗。某物流公司举报对手盗取 6000 万条竞争对手货运数据，某微博诉对手过度攫取用户数据，腾讯控诉华为 Magic 手机侵犯用户隐私……过去则少有这样的情况。两年前，马云说阿里巴巴要做数据公司、未来最大的能源是数据时，大家可能根本没有意识到数据的价值。

大数据时代，商业和用户隐私之间发生激烈对撞。

大数据、人工智能改变世界，提升诊断的效率和准确度，这是一幅美好蓝图，唯独忽略了一点：在不知情的情况下，你的隐私，比如医疗数据正从医生电脑里流向商业公司。

尽管技术无罪，但商业对数据的贪婪缺乏克制。在利益驱使下，各种诸如网络爬虫、盗取手机 Root 权限的技术，让个人隐私数据前所未有地暴露在交易市场上。

隐私数据与商业的冲撞是如此激烈，引起了国家的高度关注。2017 年，公安部和国家网信办两次集中审查大数据企业，多家数据公司被询问数据来源和运营模式。不仅如此，掌握大量个人信息的互联网公司，比如某招聘网站，也收到了执法部门的警示。政府在为我们不断打造安全数据应用环境，但同时也需要我们自己有很好的防范意识。

通过科技手段收集来的数据，像传统的问卷调查一样，也可淡化甚至完全抹去用户的个人信息。大数据时代，我们怎么确定这些企业搜集信息的过程中，不会精准定位到个人呢？政府不能保证，企业无法保证，广告商同样无法保证。

"斯诺登事件"大家肯定都知道，英国《卫报》和美国《华盛顿邮报》在2013年报道，美国国家安全局（NSA）和联邦调查局（FBI）于2007年启动了一个代号为"棱镜"的秘密监控项目，直接进入美国国际网络公司的中心服务器里挖掘数据、收集情报，包括微软、雅虎、谷歌、苹果等在内的9家国际网络巨头皆参与其中。

多名专家表示，在"斯诺登事件"之后，绝对隐私已经不存在。物联网的兴起，则更加剧这种矛盾。如今任何物品都可以通过传感器搜集和发送信息，智能家居让家具不仅会记录你的一言一行，还会把这个数据汇入终端；你在某购物网站搜索的商品，会出现在其他网站的广告推送中。这需要产业自律、政府监管，但最主要的还是提高自我防范意识。

如今，我们已离不开用数据来驱动社会的发展。根据相关统计，2017年微信用户已经超过了9亿，支付宝用户已经超过5亿，京东日均订单量已经达到29.5万单……新经济随着现代商业的发展已融入所有人的生活中。

而身处这样一个大数据时代，我们除了"裸奔"，似乎别无选择。

新时代"数据财富真相"

本书作者之一刘洋参与过很多城市的土地和房地产开发，认为土地开发权和数据开发权具有很多相似之处，是将土地开发权引用到数据开发权的第一畅想人。他认为土地开发权和数据开发权都依赖"大数据"，譬如对于规划师，一个楼盘只是一个设计项目，容积率对规划师只是一个数字，但对开发商却意味着金钱，是一栋栋"固定的银行"。数据开发权也同样如此，对于个人，它是一个个微不足道的数据，但对于网络科技寡头而言，是一个个"移动的数据银行"。

大数据在当今社会是一个巨大的财富池，你就是财富池的创造者。房产开发商和网络科技巨头都是拥有数量巨大的资源才雄踞富豪排行榜前列！特别是网络科技巨头们，他们财富的背后是对海量的个人数据进行的技术处理和应用。"技术虽好，只能养家；生意虽小，却能发家"。商业时代的财富逻辑就是现在的大数据，无论你拥有什么，只要数量巨大，那就是财富。"大妈月入三万，还会差你一个鸡蛋"的故事大家都知道，一句月入三万让多少"北上广"的白领们捂脸而去。一个鸡蛋虽然只能挣你五毛钱，但一个月轻轻松松地卖十万个，这背后的逻辑就是大数据。所以，我们不要轻看自己的数据价值，数据价值虽小，但是不容侵犯！况且，你的数据积少成多，也会成就你个人的大数据资产！

数据可谓是这个时代的"石油"。根本不用企业主动出击，网络大数据几乎可以搞定一切。我们听的每一首歌，叫的每一次外卖，搭的每一次车，其数据都可以被获取，成为海量数据中的一点一滴，被用于深度数据分析，转而用于商业领域，实现商业价值。数据的应用具有多面性，政府会正面引导，我们也要有保护个人数据的意识。

　　土地被称作"财富之母"，类比土地，数据则是新一代的"财富之母"。数据与土地相比，人人都拥有，人人都创造。世界上大多数人拥有一块土地很难，但是拥有个人数据却很容易。个人数据如影随形，不离不弃。数据与土地相比，还有一个无与伦比的优势，那就是土地只能开发一次，而数据可以无限次地开发利用；它也不像机器、厂房一样会随着使用次数的增多而贬值，相反，数据很容易实现共享，而且使用的人越多，重复使用次数越多，其价值越大。土地需要开发商从政府手中购买使用权，然后再根据容积率等规范要求行使开发权。我们的数据是否也应该有规范来行使开发权？

　　关心你的数据，它与你在这个世界上的存在密切相关！

前言
你的数据，你的权利

我们已经建立了一个浩瀚程度超乎我们理解的网络世界。可以这样形容这个网络的大小：地球上每个人可以有50 000个网址，可以为50亿台设备提供服务，到2020年预计有220亿台设备互联。

在这个网络上我们创造着无比浩瀚的数据。智能手机能对你的健康状况做出记录，可以方便搜集任何想要的信息，计算出你前往机场的最佳时间；当你快要到家时，家里的灯光会打开，空调也会自动调节到你选择的适宜温度；购物助手可以告诉你，你需要什么样的书、什么样的日用品，你喜欢什么样的电影。

毋庸置疑，科技的发展是为了让我们生活更方便。我们是否可以问一下这些我们交付了信任的企业，我们享受舒适的生活时是否就应该舍弃我们的数据权利？就像互联网大佬所说的"以隐私换方便"？我们必须要回答这些有关生活方式的深层次疑问。谁拥有哪些信息，信息公开应该遵循哪些原则？能否进行有效数据管理，如果可以，该从哪里着手？政府、企业和网民应该发挥什么样的作用？

如今，我们增加一个新的电子设备，基本就"舍弃"自己的一些数据权利。我们对数据交给了谁一无所知，对这个拿到数据的组织的道德水平和价值观更是一无所知。表面上我们会被告知数据"尚待开发"，但是谁知道这些企业拿到我们的数据后会做什么？实际上我们看到的只是企业的营销策略表象，而背后"开发"我们数据的人姓甚名谁，道德水准如何？我们知之甚少——而他们却对我们了如指掌。长远来看，随着网络接入点的增加，我们也要问问自己愿意交出多少个人数据。

互联网刚出现的时候，潜意识中我们感觉网络会知道我们在哪里、我们看了什么。那时候，一个人的信息分布在不同的"知情者"手里：银行知道一些，医院知道一些，政府也知道一些。但现在互联网巨头可谓已经掌握了我们几乎全部的资料——衣、食、住、行、游、购、娱，无所不包，并将其储存在一个触手可及的地方。这样做当然方便，不过如果存储者用某种我们并不那么首肯的方式来使用这些数据时，是否应该另当别论？这就不是"以隐私换方便"这么简单，而是涉及法律问题。现在个人数据已经成为资产，现行的网络商业模式该如何去补偿数据的创造者？尤其值得一提的是，广大网民要求互联网企业停止使用那些令人费解的服务协议，而对个人数据采集和销售却没有提出任何建议或要求。

曾经有互联网公司用新闻订阅信息来测试阅读新闻是否会对其情绪造成影响，这引起了公众的强烈抗议。事实上，我们并不记得有过这样一个授权选项，起码出发点绝不是如此。

医疗数据被视为个人隐私，但为了治病，病人会对医生如实透露信息。现在，医疗和科技产业之间的界限已经变得模糊，一些"可穿戴设备"和软件的制造商就在不停宣扬，让他们的产品不被列为医疗用品，这样各种信息保护监管就游离在医疗条例之外。

隐私仅仅是关于数据所有权、数据垄断、安全、竞争等群众热点问题的一部分。民众关心的热点问题还包括数据控制、大数据未来等问题，当然也包括数据使用权，即选择个人数据被使用的方式，自己的数据被什么人在使用等问题。

一些对此问题有认识的企业已经有所准备，会成立风险委员会，会有人专门处理有关数据道德守则的问题，还会监管数据如何收集和使用——尽管有时候也不是监管而是在试错。一些后来进入的小公司可能没有如此正式的协议也没有人力来处理这种问题，可能也没有独立的董事会成员来专门管理此事。如果真的发生严重的问题，很多消费者就不再使用他们的服务，无论他们的商业模式前景多么无限。

我们都喜欢尝试新的应用，因此会把我们的QQ或者微信账号作为其他应用的入口，这样等于不加思考地把个人信息从监管比较严格的大公司转移到部分管理没有那么严格的小公司。消费者都相信或期待会有专门人员来管理这些事情，但事实上，这个人是谁却无从知晓。我们应当如何解决这个问题？

近期来看，新兴企业不应该将个人数据仅仅作为营销手段，而应该作为一个核心战略来考虑。政府相关部门更应该进行自我教育，同时对公众进行教育并实行更强有力的监管，就像许多国家几十年前监管汽车安全带的使用一样，应当发起公共安全教育行动，从司法解释和宣传推广等方面来开展工作。

这些信任问题不是单靠政府监管就能解决的。科技企业必须想方设法去补偿数据创造者，以及开展受客户欢迎的创新性业务来赢得用户的信任。事实上，任何创新型企业都必须这样做才能取得消费者的信任。

未来世界里所有的生活细节都会转化为数据（包括人际关系），所有的一切都会永存于网络世界。在这种情况下个人能够保护和控制好个人数据，并从个人数据的开发利用得到实实在在的利益？

我们要重塑新的互联网秩序，使它惠及广大用户而不是变成吞没个人利益的"黑洞"。我们必须构建具有道德和价值导向的数字化生活方式，确保个人数据安全和公平利用是其核心，因为个人数据已经成为个人权利的重要基石。

在编写本书的过程中，引用了学术和业界有识之士的部分研讨观点，在此对以下单位和个人特别致谢（排名不分先后）：

广东省计算机信息网络安全协会会长、华南理工大学博士生导师陆以勤教授；

启明星辰集团常务副总裁张晓东、高级副总裁李春燕；

广东省计算技术应用研究所深圳分所负责人雷唯；

蓝盾股份有限公司董事长柯宗庆，副董事长、总经理柯宗贵；

浪潮集团副总裁、广东区总经理孙海波；

浙江大华技术股份有限公司中国区副总经理戴勇；

中国新电信集团董事会主席列海权；

广东省餐饮协会供应链大数据中心主任杨弘德（中国台湾著名供应链管理专家）；

大西洲科技公司总裁彭顺丰；

广州市宏方网络科技公司创始人董事长祝杰。

本书借鉴和引用了互联网部分文章、新闻报道，在此对原作者表示由衷的敬意和谢意！

目录

六、从"垄断"到"共享"

七、从"消逝"到"永生"

一、从"暗偷"到"明抢"
个人大数据到底属于谁？

■数据可谓是这个时代最重要的资源，已成为各位"互联网大佬"的必争之物。但是由于数据产权法律关系的不甚明确，在社会实践中数据资源被各大巨头公司无偿"侵占"，并构成公司巨大估值的重要组成部分。各大公司为了经济利益对用户数据争来夺去，唯独忘记了产生数据的用户。离开了用户数据这个"1"，其后面估值再多的"0"都是没有意义的。

在"0"和"1"之间，国内由于立法等原因，现只能由网络安全类企业用技术手段解决恶意提取个人数据的问题。蓝盾股份有限公司副董事长、总经理柯宗贵先生曾提到：大数据技术的兴起，在对社会实现巨大贡献的同时，也因数据盗取、数据篡改、数据滥用等问题给社会以及个人带来了重大安全隐患，大数据安全防护迫在眉睫。

数据利用乱象

》》 数据黑市

"听说您最近买房了，需要装修吗？"

"听说你今年刚高考完，我们学校会发放贫困生助学金……"

"我们公司最近又推出了一款新的保险，很适合您……"

"您好，我们这里可以提供代开发票服务……"

"亲，奢侈品加微信……"

这些场景我们是否很熟悉？在生活中这样的推销电话或者短信，陌生人不仅知道你手机号码，甚至还知道你姓名和住址等信息。这些短信天天有，推销电话响不停。不知道从哪天起，或许是因为在某网站上注册了信息，或许网购了一包零食，亦或许只是转载了朋友圈的一篇文章，这些骚扰便肆无忌惮地朝你涌来。你的这些烦恼都是因个人信息泄露、被盗或者被卖掉惹的祸！

2016年8月19日，山东临沂18岁准大学生徐玉玉因个人信息泄露遭遇电信诈骗，将生命永远定格在18岁，引起了社会的广泛关注。

2017年3月27日，某网站遭遇大规模用户简历信息被盗取，紧接着某电商被曝出12G数据外泄，其中包括用户的用户名、密码、邮箱、电话号码等多维度信息；继续追溯，滴滴oS事件、僵尸网络，甚至于更早的木马、蠕虫、熊猫烧香病毒，信息安全事件和互联网的发展一样迅猛，一波未平一波又起。在我们的生活全方位"触网"、个人信息安全难以保障时，围绕个人信息数据形成的黑色产业链"悄无声息"地运营着。

中国互联网协会公布的《中国网民权益保护调查报告2016》显示，54%的网民认为个人信息泄露严重，其中21%的网民认为非常严重。84%的网民亲身感受到了由于个人信息泄露带来的不良影响。据统计，自2015年下半年至2016年上半年的一年时间里，个人信息泄露造成的总体经济损失达915亿元。

在巨额损失背后，隐藏极深却又庞大的是黑色产业链：数据黑色产业。

目前市场上有很多所谓的大数据公司，多多少少都会用来源于黑市的数据，这些数据很多涉及公民个人信息。在贩卖的数据中，有些数据是合法的，有些数据是违法的。线上消费的、网银的、POS 机的、信用卡的、运营商的，甚至是工商的数据都有人卖。

数据黑色产业隐藏得非常深，其发展历史越久，地下产业链也会随之成熟，对于如何把数据变成货币，已有非常完整的程序分工与协作渠道。

数据黑色产业的产业链模式相对简单，包括盗取数据、清洗数据卖掉变现、利用这些数据信息自用（建立黑数据库、登录网站直接窃取财产、发展下游等）三部分，业内术语称为脱库、洗库、撞库。

国内知名信息安全团队"雨袭团"发布报告称，在一年半的时间内，高达 8.6 亿条个人信息数据被明码标价售卖，个人数据基本处于裸奔状态。

央视曾经报道揭露贩卖个人数据信息"乱象"，仅用手机号就可查一个人所有私密信息。节目播出后北京警方立案并展开侦察。但记者发现多个 QQ 群里"信息交易"仍火爆，向开发公司举报后，QQ 群并未被关闭或解散，管理员甚至公告：任何非法活动与本群无关。

据央视网消息：刚刚买了房，装修公司的电话就打过来了；刚刚买了车，保险公司的电话就打过来了。属于隐私的个人信息被泄露，让人烦心，更让人忧心。记者发现贩卖个人信息的黑市在网络上十分活跃，一些信息贩子甚至公然叫卖，只要提供一个人的手机号码，就能查到他最为私密的个人信息，而且范围覆盖全国，果真如此吗？

央视记者登录了一个专门贩卖个人信息的 QQ 群，里面的群员多达 1946名，而且非常活跃，浏览这个 QQ 群里的留言可以发现，各类公民个人信息被公开叫卖，种类之多更是让人惊讶。有人声称可以查到身份户籍、婚姻关联、名下资产、手机通话记录等；还可以查到手机通讯录，滴滴打车记录，名下支付宝账号，全国开房记录，淘宝、顺丰送货地址等信息，个人信息在这里被称为数据或轨迹。查询个人名下车辆，各档都是二三十块钱，不超过百元；查询个人身份信息要价是两百余元，包括照片、身份证号码、户籍所在住址、民族、所属派出所等；查询个人网购送货地址等"网购"信息，对方要价 130 元；查询个人打车记录信息，要价是 55 元。手机通话记录，是网上信息黑市里的热卖品，发现几乎所有的信息贩子都声称可以拿到手机通话记录。通话记录的价格也是最高的，一般为 1500～2000 元，而且必须提前付款。实时位置信息成为"卖品"，只需要手机号，并且声称误差在 50 米以内，每次定位的价格在 750 元到 1100 元之间。只提供一个手机号码,就能买到一个人的身份信息、通话记录、位置信息等多项隐私,泄露的是个人信息,留下的是各种隐患。

庞大的个人信息数据流向了哪里?综合多方信息,购买个人信息最多的是那些需要推销广告、出售假冒发票和发布垃圾信息的人。其中,房地产中介、理财公司、保险公司、母婴及保健品企业、教育培训机构等日渐兴盛的产品推销和服务企业,是对个人信息趋之若鹜的核心群体。

个人信息流向的另一个终端则是诈骗团伙。当他们通过各种途径获取大量个人信息后,盗窃、电信诈骗、绑架、敲诈勒索等刑事犯罪也随之而来,比如"徐玉玉案"。

其实个人数据信息最大的买家是各大商业公司。根据中国信息通信研究院对国内 800 多家企业的结果来看,企业内部数据仍是大数据主要来源,但对外部数据的需求日益强烈。当前有 32% 的企业通过外部购买来获得数据。现在"交易"是个敏感词,如果严格按照新出台的《网络安全法》的定义,"过往的数据交易没有纯白色的"。各数据公司纷纷强调,自己是做分析整合数据的;而且数据都来自客户,且拿客户数据时,都得到了用户的授权。"授权"二字是区别是否合法的关键。但很多时候,授权合法而不合理,处于灰色地带。

在智能手机不离手的时代,手机和 APP,让每个人产生的数据大量增加了。当你在安装一款 APP 的几分钟空档里,几万字用户协议,隐蔽地在你 5.5 英寸的手机屏幕上开了个小窗口,你会逐字看,还是快速地按下"同意"?而"不同意"意味着没有 APP 会为你提供服务。目前被查处的大多只是存在"明偷明抢"行为的一些公司,而公民个人隐私数据泄露的主要源头在于"暗盗暗窃",尤其是一些安卓手机里的 APP,越界抓取一些和自身提供给用户的服务功能无关的用户数据。开源的安卓系统,有五花八门的开发者版本,很多手机厂商并不具备及时升级填补系统漏洞的能力,这给恶意软件极大的生存空间。比如安卓系统漏洞的修复,往往可能拖延一两年时间,甚至直到使用这个操作系统版本的硬件被市场淘汰,漏洞才会消失。如果恶意软件获得了安卓最底层的 Root 权限,一台手机中的数据就都不是秘密。

在恶意软件之外,APP 对用户的数据采集能力,往往是用户的盲区。安装 APP 时"同意"的用户协议,以及使用过程中 APP 申请开放的种种权限背后,用户交付了超乎想象的权利。你手机中的用户隐私权限,可以划分为 Root 权限、读取联系人、获取手机号、读取短信记录、读取通话记录、获取用户位置信息、使用话筒录音、打开摄像头等12项之多。

获取这些功能权限能做什么？举个例子，开启了读取通讯录权限的APP，可以获得用户手机里所有联系人的数据。如果一款APP有上百万级别的用户量，那么能触及的联系人名单，就有上千万体量。这些数据如果流入黑市，重要联系人的关系链，往往被诈骗分子所利用。至于APP是否会把权限用于提供服务功能之外，侵犯你的隐私，只取决于它是否"选择"作恶。相应地，一旦点了使用协议的"我同意"按钮，用户就没有什么选择余地。更令人担忧的，是要求用户授权自身服务不需要的功能权限，即越界采集数据。

据DCCI的报告称，2016年，13%的非游戏类APP越界获取位置信息权限；这一现象在教育类APP中格外突出，为26%；9.1%的非游戏类APP越位获取访问联系人权限；甚至有2%的直播APP，越位获取通常手机厂商才有的最底层Root权限。

这种行为在开发者中十分普遍，行业称其为"占坑"。有的功能是目前不需要的，申请下来是为了未来的某个版本可能会涉及而备用。但更多时候压根就不需要这个功能，他们就是想要一些额外的东西。

这些额外的数据不愁没有用武之地，而是大有用处。大致有三类用途：第一类APP对用户进行精准营销，优化网络广告。拿到数据的APP厂商会对每个用户的数据长期跟踪、持续抓取，甚至出于多多益善的心态，无论是否与自己的服务有关，全抓过来；第二类APP会跟第三方广告网络、游戏推广和电商营销平台合作，通过输出甚至交换、买卖数据赚钱；第三类APP会接受营销公司、大数据分析公司在自己的应用中潜入SDK，长期采集数据。但用户往往不知道自己的数据已经流向了第三方公司。

长久以来，APP的数据猎取生态链，以"合法但不合理"的状态存在着。大量APP用户协议以霸王条款"自说自话"，回避数据的采集情况和具体用途，而用户一方处于"不知情"的弱势地位。这种协议都是不对等的，有些公司的协议里面，写明要收集哪些信息，怎么使用，看完之后会吓一跳。国外的隐私侵权一般都是集体诉讼，代价高昂，在美国、欧洲甚至东南亚部分地区，对隐私数据侵犯的处罚力度远高于中国。

2018年年初，美图秀秀因为一组特朗普的磨皮照片在美国市场迅速蹿红，24小时内冲刺到APP Store总榜第55名的位置。但随即，美图秀秀在舆论上遭遇低谷：大批美国安全专家指出，美图在获取能满足拍摄、编辑、存储的访问相机权限后，还试图获取用户的通信记录、Wifi信息、运营商信息，以及手机唯一的IMSI码，这意味着美图将获知用户在手机端浏览网页及使用其他 APP 的信息。业内人士声称,《网络安全法》落地前后,大量互联网公司的法务部门在加紧重新修订用户协议。

《网络安全法》要求"网络运营者不得收集与其提供的服务无关的个人信息"。第四十一条要求网络运营者"公开收集、使用规则,明示收集、使用信息的目的、方式和范围,并经被收集者同意"。但"明示"二字,并不那么容易做到。某大型互联网公司 2017 年 8 月新修订的用户协议中写道:"仅为实现本隐私权政策中声明的目的,我们的某些服务将由我们和授权合作伙伴共同提供。我们可能会与合作伙伴共享您的某些个人信息,以提供更好的客户服务和用户体验。"这显然是一段非常模糊的表述。

"现在公司都在尽可能让用户同意各种采集数据的情形,包括允许收集数据提供给业务关联方、第三方合作者。模糊的表述涵盖范围越广,它的法律风险就越小。"华东政法大学教授高富平表示,这种做法在国内目前看似管用,"但在国外,这种泛泛的声称可以提供给第三方的说法,早就无效了。"

>>> 流氓软件

《西游记》有一个段子,是关于金角大王、银角大王和他的宝葫芦的,叫你的名字,如果答应了就会被吸进葫芦里。有人将这个段子和互联网结合起来了,写出了一个新的段子:

银角大王在宝葫芦口冲前喊了一声:"360!"不知谁应了一声,嗖的一声被吸了进去。银角大王查看葫芦,里面除了不知谁的谁,还有 360 杀毒、360 压缩、360 浏览器、360 安全卫士、360 游戏大厅、360 手写输入等熙熙攘攘一大帮人。

银角大王惊讶道:"怎的来了这么多啊?"

宝葫芦道:"我就只点了个'下一步',谁知他们都进来了。"

"危险!您的宝葫芦有 53 个漏洞!一键修补?"

自那以后,葫芦开机时没有低于 10 分钟的。

相信每个人都遭遇过以下场景:你在使用电脑上网时,会有窗口不断跳出;也许有一天你的电脑浏览器被莫名修改增加了许多工作条,什么游戏、购物网站等;当用户打开网页时,网页会变成不相干的奇怪画面,甚至是黄色广告;当你要下载软件时,会不知不觉地下载了一大堆莫名其妙的软件。这类软件在未明确提示用户或未经用户许可的情况下,在用户计算机或其他终端强行安装运行,源源不断地侵犯用户合法权益。国内互联网业界人士一般将该类软件称为"流氓软件"。"流氓软件"起源于国外的"Badware"一词，国外著名网站上对"Badware"的定义为：是一种跟踪你上网行为并将你的个人信息反馈给躲在阴暗处的市场利益集团的软件，并且，他们可以通过该软件向你弹出广告。通常将"Badware"分为间谍软件、行为记录软件、浏览器劫持软件、搜索引擎劫持软件、广告软件、自动拨号软件、盗窃密码软件等。

流氓软件之所以被称为"流氓"，具有以下难以根除的特征：

①强制安装：指在未明确提示用户或未经用户许可的情况下，在用户计算机或其他终端强行安装软件的行为。强制安装时不能结束它的进程，不能选择它的安装路径，甚至带有大量色情广告乃至电脑病毒。

②难以卸载：指未提供通用的卸载方式，或在不受其他软件影响、人为破坏的情况下，卸载后仍活动或残存程序的行为。

③浏览器劫持：指未经用户许可，修改用户浏览器或其他相关设置，迫使用户访问特定网站或导致用户无法正常上网的行为。

④广告弹出：指在未明确提示用户或未经用户许可的情况下，利用安装在用户计算机或其他终端上的软件弹出色情广告等广告的行为。

⑤恶意收集用户信息：指未明确提示用户或未经用户许可，恶意收集用户信息的行为。

⑥恶意卸载：指未明确提示用户、未经用户许可，或误导、欺骗用户卸载非恶意软件的行为。

⑦恶意捆绑：指在软件中捆绑已被认定为恶意软件的行为。

⑧恶意安装：指在未经许可的情况下，强制在用户电脑里安装其他非附带的独立软件。

"流氓软件"的最大商业用途就是散布广告，目前已经形成了整条灰色产业链。企业为增加注册用户、提高访问量或推销产品，向网络广告公司购买广告窗口流量，网络广告公司用自己控制的广告插件程序，在用户电脑中强行弹出广告窗口。而为了让广告插件神不知鬼不觉地进入用户电脑，大多数时候广告公司是通过联系热门免费共享软件的作者，以每次几分钱的价格把广告程序通过插件的形式捆绑到免费共享软件中，用户在下载安装这些免费共享软件时广告程序也就乘虚而入。据悉，网络广告的计费是按弹出次数进行的，使用"流氓软件"可以在用户根本没有授权的情况下随意弹出广告，提高广告弹出次数，藉此提高广告收益。据说一个"装机量"比较大的广告插件公司，凭"流氓软件"月收入随随便便都在百万元以上。

"流氓软件"除了窃取个人数据信息外,主要还在于对用户更多计算资源和空间的侵占,在于对个人"信骚扰"及其处理这些垃圾信息的时间的侵占。一般情况下,受到"流氓软件"侵扰的个人都会花大量时间去消除它,所有累积的时长将是一个天文数字,可以说极大地损伤着社会运转效率。更为重要的是,一些"流氓软件"将游戏信息推送给青少年,引诱自制力不强的青少年参与游戏,危害他们的身体,侵占他们的学习时间和精力,严重影响道德、性格的形成,甚至走向犯罪。这些最需要学习、向上的人群,本该用于奋斗拼搏创新的时间都被网络游戏抢走了。笔者之一有个十岁的儿子,打开他的电脑,会无时无刻地弹出很多游戏广告,使其小小年纪便已接近游戏上瘾,一会不玩手机游戏或者电脑游戏就坐卧不安,令人头疼不已。前些时间,某互联网巨头开发手游达到了全球下载量最大、全球收入最高的效果,从成人到小孩,"你玩了吗?你买了什么装备?"竟然成为见面的热门用语。面对网络游戏的丰厚利润诱惑,某互联网巨头最近也放弃"饿死不做游戏"的承诺,不怕被打脸地宣布大举进入网络游戏业务。对于此类公司和富豪,无论他拥有多少财富,一点都不值得人尊敬,因为他的每笔财富都渗透着对社会的伤害。

>>> 数据窃取

2017 年 5 月至 7 月间,一伙有组织的黑客盗取了美国征信巨头 Equifax 的服务器权限,卷走了 1.43 亿用户的个人隐私数据。这意味着44% 美国人的姓名、出生日期、手机号码、住址、SNN(社会安全号码,类似于身份证,可以追踪纳税情况),以及 21 万美国人的信用卡号、部分驾照号和法律文件,正躺在黑市上待价而沽。

因为保护数据不力,如今悬在 Equifax 头上的是一桩 700 亿美元的赔偿官司。

国内,一个涵盖上千万条京东用户数据的 12G 数据包,2017 年成了黑市上的"地摊货"。知情人士透露,这份数据包囊括了姓名、密码、邮箱、身份证号、电话、QQ 等多个维度的用户信息。已经在黑市上层层售卖,转了上百道手,标价 10 万元至 70 万元不等。

数据泄露不仅来自外部攻击,还源自利益诱惑下的内部泄漏。

2017 年 6 月,国内破获的一起案件中,22 名苹果及相关公司的员工,利用自己的 Apple ID 进入公司内部系统,盗取了大量苹果用户的姓名、手机号码、Apple ID 等数据，并在黑市以每条 10 元至 180 元的价格倒卖。

一个苹果内部 ID 意味着触及公司全部用户数据的权利。据《商业内幕》报道，大量黑客愿支付 2 万欧元以获取一个苹果内部 ID。

2018 年 3 月，京东主动公布：处于试用期的京东网络工程师郑海鹏，与外部黑客团伙勾结，盗取大量物流、交易及用户身份信息。警方介入后，发现这竟是个"职业内鬼"，曾在多家互联网公司任职，盗窃个人隐私数据达到 50 亿条。

2016 年，也有 3 个来自某公司物流部门的"内鬼"，盗走了 9313 条用户数据，这些信息最后被诈骗集团骗取了上百万用户的资金。

隐私数据倒卖远比你想象的猖獗。在已公布的案例中，携程、圆通快递、世纪佳缘、当当网、如家酒店……都曾遭遇过类似的数据洗劫。

一家大型互联网公司相当于一个大型数据库，盗取和贩卖隐私则成了产业。在专业人士看来，全世界只有两种网站：被破解的网站和还不知道自己被破解的网站。专业人士能看到黑色数据的贩卖在"暗网"上持续进行。全球共有 7 万个网站在暗网上潜伏，你可以在那找到隐私、军火、A 片。尽管卖的都是些惊悚的"货品"，暗网看上去却与普通电商的货架无异。在暗网上，身份证号、社保账号、电话住址等个人数据被打包售卖，依据详细程度要价不同。

由于数据是可复制的，一旦流入暗网就会被无限转手。从深网逐渐上浮，卖到表层网络，甚至普通人能接触到的贴吧、网盘。与此同时，数据的价值和标价也层层稀释。一家 100 人体量互联网公司的用户数据，在暗网上标注的价格可能是 1000 元，倒过几手后，价格也会稀释到起初的十分之一。

对于有技术的黑客，把几十万人的隐私数据偷出来贩卖只是分分钟的事。他们成团伙作案，顶级的黑客会把入侵工具撒入互联网，自动破解触及的网站，一扫"中弹"的可能就成百上千，数据得手，再经专人破解、加工和整理，最后以不同价格卖给不同的买家。

疯狂的窃取驱动来自于最强烈的需求。

隔三岔五，数据爬虫开发公司就会接到客户买数据的要求。爬虫开发公司经营着一家用人工智能技术做精准营销的公司，公司发现，在移动营销领域想多赚点钱，几乎避不开数据购买，广告主越来越好奇自己的用户都是些什么人，他们希望爬虫开发公司不仅仅提供算法，也能一站式补全用户数据。

精准营销、人工智能公司都是大数据的买家。百度一年仅在数据堂购买语音数据就达到一两千万小时。初创人工智能公司的平均购买量，也动辄在

30万至200万小时之间。启明星辰副总裁李春燕回忆，十年前在实验室评测安全设备时，市面上的语音交换量也不过一两百个小时，现在却是以千万甚至亿级计算。

人工智能底层技术离钱很远，而在互联网金融行业，数据约等同于黄金。也因此，"买个人隐私数据最凶的是金融类企业。"互金公司给数据公司开出的补全数据价码最高，一个个人数据100块钱。

中国的金融信贷公司，大致有三条购买数据的渠道：央行征信中心、有公安背景的征信机构国政通、查学生数据的学信网以及运营商等国有渠道，第三方大数据服务商，精准营销公司。

正规的数据查询需求正在急剧增长。据财经新闻报道，2016年，有公安部认证的身份证查询中心，一套带人像照片比对的查询量共约26亿次；而在2012年，年查询量还不到10亿次。查询量激增主要源于大量的消费金融需求。在正规渠道外，绝大多数金融机构仍严重依赖来自后两类渠道的数据。因为"白色"渠道能提供的数据有限。以央行征信中心为例，截至2017年下半年也只有中国8.8亿人口的征信数据，这意味着其余5亿人口的信息是一片空白。这5亿人口，多是蓝领、大学生或刚步入社会的年轻人，尚未在任何银行留下信用记录。他们也是如今最时髦的现金贷、消费金融公司以及陷入转型危机的传统银行紧盯的用户。

现金贷的风险控制方式，正是大数据新时代的典型模式。小额贷款的现金贷与传统十几万贷款的风控方式完全不同，传统方式是用线下调查，而现金贷则完全自动化在线上完成，这依赖于智能手机中产生的用户数据和行为轨迹。借贷给这类高风险人群，最关键是要能收得回账。预先识别出好人坏人，做好风控模型、预判违约成本，是金融领域最关键的命门，而"养"模型的前提就是先拿到用户数据。

风控对数据的渴求没有边界：身份证、学历学籍、信用卡和银行卡号、设备指纹、消费情况、LBS（基于移动位置服务）数据及手机中的使用行为数据，乃至银行卡的金额和收支信息。每增加一项数据，坏账就少了一些，利润就多了一些。

据报道，数据公司提供的数据详尽得可怕，包括个人开卡银行张数、借记卡张数、信用卡卡龄、账龄，近三个月到一年的账动笔数、出入账总金额、银行卡消费总额（包括线上消费）及当前余额、手机号入网年限、手机号是否实名等。还有金融类公司，产品清单上也有银行卡月度收支数据。

数据公司关联方与运营商长期合作，为十余万家客户提供短信群发服务，包括政府机构、互联网公司、商业企业、金融保险公司、银行、物流公司等。与其有业务往来的人士认为，数据公司加工数据后，将金融有关的信息（比如银行发给客户的交易信息），卖给金融行业有风控需求的公司，以及贷款催收部门。

从黑灰色渠道购买，也是为了省钱。"灰色渠道的卖法无非是拷贝一份数据，所以可以卖得很便宜。去白色渠道国政通查询一次身份证需要 5 块钱，但很多互联网公司其实都掌握了大量的用户数据，开价 2 毛钱，甚至几分钱就可以查一次。"

企业对隐私数据的贪婪和越界获取，引发了政府的关注。2017 年 6 月 1 日新出台的《网络安全法》，首批打击目标就是黑客、数据交易公司、互联网公司"内鬼"。根据最高法、最高检的司法解释，"非法获取、出售或者提供行踪轨迹信息、通信内容、征信信息、财产信息 50 条以上"，即属情节严重，可入刑。

2017 年的网络安全大会上出现了"蓝帽子"嘉宾（即公安背景的"黑客"），演讲的核心是，不同程度的盗取数据行为将受到怎样的法律制裁。2017 年 9 月的一宗判决起了一定震慑作用。地产经纪人杨某，因侵犯个人信息罪被法院判决拘役三个月，并处罚金 4000 元人民币。起因是杨某通过微信给上级主管发送了 113 条某小区业主的个人信息，其中包括房产面积、门牌号、楼栋号、楼层、姓名、电话及楼盘名称。这些信息是她所在的公司准备用来"拉客户"的。

鉴于"买房、借贷、孩子上学"，是中国骚扰电话永恒的三大主题，个人隐私信息在房产中介圈的疯狂流转，早已成为潜规则，行里人常在 QQ 群中交换和买卖业主的信息。《网络安全法》推出后有效地遏制了黑灰色交易。

>>> 大数据征信

近年来各类互联网金融公司应运而生，有近 3000 家 P2P 公司。作为火热的 P2P 信贷及消费分期贷款的基础设施，一个征信和风控行业的企业，也因为近千亿的未来空间以及大数据征信，成了风口上"飞猪"。

征信产业链由数据公司、征信公司及征信使用方三者构成。这其中，数据公司的核心竞争力在于对独特数据源的掌控和挖掘能力，而征信公司的核心竞争力则在于数据源完整度、数据覆盖人群完整性以及数据的分析画像能力。对于征信公司而言，其本身就是一个大数据公司，互联网带来的信息上的变化也无法重构征信公司核心的数据清洗、挖掘及画像等核心环节。对于征信使用方而言，互联网的出现，则有可能增加了自身直接采集数据能力及风控能力，降低对前面两者的需求。

从逻辑上推演，互联网的出现，增加了新的数据纬度，也改变了数据采集的方式。但这两点只是增加了数据公司的数据源，或提升了获取数据的效率，没有实质性改变其采集并销售数据的本质模型，没有改变原有的商业逻辑及商业模型。这就是对个人数据权利的侵占，凭什么你采集我的行为数据，对我个人进行评估又将其出售？数据本身"源头"不可信，却成为征信机构的评价凭据，依据在哪里？

近期中国人民银行相关部门负责人明确提出：已经获得征信牌照的公司无一合格。除了8家准备机构，更有互联网金融公司、大数据公司等多个环节参与其中。这就导致行业标准不统一、数据安全问题频现、第三方独立性难以保障等核心问题，甚至出现数据倒买倒卖、黑名单白名单交易随处可见的现象。征信行业最适合由政府"主导"的大型征信机构，或政府"引导"的具备社会公信力的民营征信公司，来进行市场化探索和应用。某金融研究机构副研究员刘新海在《征信与大数据》一书中指出，处于起步阶段的国内征信业充斥着基本概念混乱和偏重资本运作等问题；因此行业发展需要更好的基础设施，迫切需要建立市场化、专业化、符合现状和未来发展的征信环境。

信用市场未来走向到底如何，我们不妨拿美国作为参考，看看它的个人信用体系是如何构建并发展的。美国在建立征信机构之前，个人信用信息通过商人自建的网络流传或在其内部小圈子传播，而且极少有人试图从中牟利。随后全国性批发商集团作为第三方信息提供者，通过将信息加工为商品，才出现真正意义上的征信机构，一定程度上解决商业信息共享问题。这是美国个人征信史的第一个阶段，发生在18世纪30—60年代，商业需求推动了地方性征信机构的产生，其线下信息采集的工作方式仍值得我们借鉴。美国征信格局的形成用了100多年的时间，而这一过程在国内则会被极度压缩。原因在于金融科技的快速迭代，尤其是近两年大数据首先取得了突破，足够多的数据，让人工智能、机器学习获得了最重要的基础。

《征信与大数据》一书中指出，20世纪60年代计算机技术的出现才加速了征信机构的整合，而90年代的数据库技术才真正推动行业的"集中"，诱发21世纪初三大征信巨头的垄断格局。也是在这时，征信开始用于房贷、车贷和各种消费贷款的自动审批过程中。

>>> 电信诈骗

2016 年 4 月初，一位四川宜宾少年利用网络漏洞工具，非法入侵山东省 2016 年普通高等学校招生考试信息平台网站，非法获取高考生个人信息 64 万余条，并向犯罪分子出售 10 万余条。犯罪分子利用这些信息实施电信诈骗，造成高考生徐玉玉死亡。距案发尚有一个月，徐玉玉就将成为南京邮电大学 2016 级新生。但这位永远定格在 18 岁的山东农村女孩，根本未预料到虚拟的网络背后竟如此险恶。

每到高考考生填报志愿环节，就是教育骗局最多之时。广东省教育厅发布《广东省普通高等学校一览表》，并曝光带"广东/广州"字样的 12 所假冒大学。《羊城晚报》记者据此调查发现，与"虚假大学""野鸡大学"联系密切的考生个人信息买卖现象依然嚣张。在以"高考名单""招生资源"等为名的 QQ 群中，有群主称千元就可买到汕尾 3 万多名考生的信息，其所发截图的 13 个信息中，有 10 个能联系到相关考生。

个人信息泄露，早就不是新鲜事。此类事件不单单是诈骗案件问题，涉及更深层次的是大数据时代个人信息泄露所带来的一系列社会性问题。

广东省计算机信息网络安全协会会长、华南理工大学博士生导师陆以勤教授认为，保护个人隐私是一个综合课题，涉及对网络安全的认识、机制、法律、制度、主体责任、管理、技术、人才等多个维度。而不同维度之间又是互相关联的，为了使网络安全这个原来跨学科的领域得到快速发展，同时加快国家在该领域高层次人才的培养，2015 年 6 月，国务院学位委员会在"工学"门类下新增设"网络空间安全"一级学科，与计算机科学与技术、软件工程、信息与通信工程等并列。经国务院学位委员会第三十二次会议审批，华南理工大学等 29 所高校获首批网络空间安全一级学科博士学位授权资格。而网络安全的人才培养也比较特殊，网络安全是实战性很强的技术，但培养人才时又不能在真正运行的系统上进行实训，需要把真实运行系统复制到称为"靶场"的实训环境中进行攻防实验。不仅如此，网络安全的这些不同的维度又是相辅相成的。据陆以勤教授的经验，目前很多个人隐私信息泄露的案件是管理不善引起的，但通过加强技术手段可以提高管理水平。陆以勤教授举了个例子，金库中的出入口控制可以限制非法人员的进出，视频监控可以对金库管理人员的行为起约束作用。类似地，在数据保护上，可以通过技术手段限制对数据库服务器的不合法访问，而数据库审计、上网行为审计、日志管理等又可以约束对数据库有管理权限的人员读取数据的行为。并且，网络安全事件具有短板效应，只有综合做好网络安全的多个维度的工作，才能最大限度保障网络安全。

数据开发乱象

>>> 用户画像

全中国最熟悉老百姓消费习惯的是谁？是哪个商店？是淘宝。道理非常简单，你在淘宝上的一举一动都留在了这个平台，它累积了关于你的海量的信息。一位行业内人士透露，为了描述和分析一个用户画像，阿里巴巴构建了741个维度来收集个人数据。你在淘宝上买了哪些东西，你登录过什么网站，你经常去哪家商店购物，购买频率和价格如何，你穿多大尺寸的衣服，你住在哪里，银行卡里有多少钱，它全知道！有网友评论，"大数据比你妈还了解你，因为，你妈可能只看到了屋子里文文静静的你，但大数据把你方方面面都看了个精光。大数据懂你，但不爱你"。

这就是你每天都被互联网巨头们算来算去的"用户画像"——真实用户的虚拟代表，它是建立在一系列真实数据之上的目标用户模型，它无时无刻不在关注目标用户的动机和行为、生活习惯、消费习惯等重要信息，它让消费者的一切行为在企业面前都是"透明"的。它们在收集与分析消费者社会属性、生活习惯、消费行为等主要信息的数据之后，再根据平台（比如电商平台）要求上传的身份证、学生证、驾驶证、银行卡等重要信息，然后通过算法和数据挖掘给用户贴"标签"。如果一个用户最近开始购买母婴类商品，然后再购买一段奶粉和纸尿布，那么可以根据用户购买的频次及数量，结合用户的年龄、性别推断是否为新妈妈或爸爸。

2016年阿里巴巴活跃用户数约为5亿，覆盖98.5%的中国互联网购物人群。其中，移动月度活跃用户达到3.93亿，占整个中国手机网民的64%，这意味着六成以上的中国手机网民都是淘宝或天猫移动端的活跃用户和数据的提供者。目前阿里的数据标签已经逐步整理到阿里的数据超市——GProfile全局档案。GProfile 全局档案以消费者档案为核心构建内容，通过分析消费者的基础信息、购物行为来描绘其特征画像。在阿里数据的平台上，GProfile 主要根据用户在历史时间内的网购行为记录，从网购时间点、内容深度剖析，提供用户基础属性、社交行为、互动行为、消费行为、偏好习惯、财富属性、信用属性和地理属性八大类标签服务。此外，从数据能力来说，阿里的数据还可结合优酷/土豆视频数据、CNZZ 友盟媒体数据、虾米天天动听音乐数据等。阿里数据的特点是真实、可靠，随着公司收购其他数据类平台，阿里的数据类型也逐渐丰富起来，在用户画像数据方面，阿里可谓是彻彻底底的真人数据。

腾讯的数据优势在社交数据，此外随着微信/QQ 支付的普及，腾讯也有了用户身份证、银行卡等数据。腾讯的数据积累年限久远、维度丰富，从 QQ、QQ 空间、腾讯微博到微信，腾讯涵盖兴趣偏好、地理位置、人口统计学信息等数据，且准确性也不低。腾讯在用户画像数据方面有很广泛的维度，且在兴趣、心理特征等标签上有很高的准确性。

百度数据类型广泛，主要包含搜索数据、百度知道、百度贴吧及百度地图等数据，但是这些数据很少可以精确到个体用户层面。搜索大数据可以预测流行病爆发时间、世界杯的胜负概率及城市拥堵状况，总之百度的数据在宏观层面有不少应用，但是在微观的用户画像层面，百度毫无优势。大部分人还没有百度账号，百度的用户体系也是最近几年靠一些 APP 才慢慢完善的。

用户画像是对人的深入挖掘，除了分析利用基本的人口统计学信息、地理位置、设备资产等客观属性之外，它还在不断地总结你的兴趣偏好、你的价值观，甚至划分你的社会阶层和社会地位。比如判断一个新能源汽车客户，就必须要刻画其是否具有环保意识、喜欢小排量等涉及人价值观层面的标签。

罗振宇在《时间的朋友》跨年演讲上举了这样一个例子：当一个不良商家掌握了你的购买数据，他就可以根据你平常购买商品的偏好来决定是给你发正品还是发假货来获取更高利润。当然了，这是极其错误的用法。

下面是两个用户画像利弊的例子。

家住西安围墙巷的李某发现一款浏览器特别懂自己，平常喜欢偷偷上网搜索美女图片和带性暗示笑话的他，只要一打开这款浏览器，页面上 80% 以上的内容都是各类美女图片和花样繁多的带有性暗示的笑话。一天，妻子炒菜用他手机准备查找菜谱时，满屏的"不良"内容让其家庭气氛紧张起来。面对妻子的诘问，一向在家人眼中正直伟岸的他，跳进黄河也洗不清了。李某的遭遇是互联网企业运用大数据用户画像的典型例子，只不过最终"好心"办成了坏事。

而家住西安大明宫遗址公园附近、爱好跑步的梁某，却爱上了被大数据"算计"的生活。经常在跑步结束后，梁某会把运动手环上的数据同步到社交 APP 上。现在只要她打开京东等网购 APP 时，系统会为她推荐跑鞋或者运动装备，而当她打开微信、陌陌这些社交 APP 时，系统还会为她推荐附近爱好运动的群组和用户。通过购买 APP 推荐的跑步装备，她现在看起来像是一个专业跑步人士，通过加入爱好跑步的群组，与群组里的人一起跑步、一块聚会聊天，她的生活开始丰富多彩起来。

一部小小的手机既能维系你的好友圈子，又能囊括你去过的场所，购买过的东西……甚至你的每一次搜索查询、信息发送、下载使用过的 APP 应用等信息都会被互联网企业整理成数据，并在云计算的帮助下，对你的性格、收入状况、购物习惯、近期活动甚至思想动态做出很明晰的判断。

这就是大数据带给我们的"惊喜"。可以说生活在大数据时代，我们的一举一动，随时都有可能被人"监视"，成为赤裸裸的"透明人"，而手机则在其中充当了"出卖者"的角色。互联网用户开始感觉到屏幕后面有一双眼睛盯着自己，个人隐私正暴露在这双眼睛的监视之下，而对个人信息安全的保护注定是大数据产业和互联网用户必须迈过的一道坎。

>>> 精准营销

人人深受"被问候"之扰，但又只能无奈接受——这是当前社会个人信息泄露的尴尬现状。

我们常被各种陌生人"问候"：

先生，您位于某某路的房子需要出售吗？

女士，恭喜您成为新妈妈，您最近在养育方面是否遇到问题？我们的某某品牌奶粉，专门针对……

小姐您好，我们了解到您是经常出差的商务人士，最近我们公司推出了一款保险产品，非常适合像您这样的……

更加危险的是以诈骗为目的的"问候"电话，已经给无数受害者带来财产损失，甚至危及生命安全。我们不得不担忧这些热情"问候"背后的问题：个人信息通过各种渠道被广泛泄露，每个人都快要变成"透明人"。

消费行为数据，卖给广告商，广告商就可以定向给你投送广告；信用数据，卖给银行，银行就可以判断出你的信用程度；健康数据，卖给保险公司……这就是精准营销。如果我们用户被打上各种"标签"，广告主就可以通过标签圈定他们想要触达的用户，进行精准的广告投放。无论是阿里还是腾讯，很大一部分广告都是通过这种方式来触达用户。听说饿了么在尝试一项新服务，就是为餐馆提供食材。一听吓一跳，但后来想想的确是再合理不过的事了。除了饿了么还有谁更能清楚某块区域的餐品售卖数据呢？这地方萝卜白菜卖得多、有多少量，饿了么清楚得很，跟农场谈合作，可以很好地把控上游渠道。

互联网公司团队的确在利用用户数据获利。用户注册信息都给了互联网，再加上用户还主动发布自己平时在干嘛、什么时候上班、使用什么交通工具上班、什么时候吃饭、吃的是什么、正着急什么事儿、最近去哪儿玩了等，了解客户需求可谓是轻而易举。借助 LBS 技术，朋友圈本地推广可以精准定向周边 3～5 公里人群，无论您是新店开业、促销、新品上市还是会员营销，朋友圈本地广告都能有效触达顾客，提高门店顾客到访率。

现实生活中，广告已经无孔不入，不管我们是在交通工具、娱乐平台还是在社交平台，总能看到它们的身影。腾讯相关负责人曾表示，通过对用户使用微信的历史数据分析，能够实现"不同用户看不同广告"的效果。"这是一种信息流广告形式，在用户查看的好友动态中插入推广信息，并依据社交群体属性，根据用户喜好进行智能推荐。""不会存在骚扰用户的情况"。但腾讯的表态显然有失偏颇，广告能被看见则是一种视觉骚扰。如果这些推广信息只显示在有需求的用户的朋友圈，是被这些目标客户群看到，其他的用户朋友完全不受影响，才能真正算不骚扰。然而，打开微博、QQ 空间，最先弹出的几条信息并非来自你自己关注的用户，而是不同品牌商的一些推广信息。更多的用户反映微信朋友圈的广告会对自己造成骚扰，朋友圈已有让人讨厌的广告圈的味道。

如今，信息流广告正在成为移动广告收入的主要来源。2014 年 Facebook 广告收入超过 55 亿美元，移动端广告收入占比超过 66%；移动端信息流广告的点击率要比 PC 端高出 187%。

某互联网公司曾经承诺"平台会采取一些比较严格的措施来控制各种诱导用户去分享朋友圈的行为"，但现在，我们的网络朋友圈有谁没有收到莫名其妙的垃圾广告推送呢？当然也有部分用户认为，这是网络商业化的需求，可以理解。有观点认为，对于用户来说，现在信息流广告通过大数据能将对用户的骚扰降为最低，但从目前 QQ 空间、网络所推荐的广告来看，似乎并没有那么尽如人意。大数据给用户匹配喜闻乐见的广告还只是停留于概念阶段。因此，仅仅是换了一个相对温柔的方式来骚扰用户。不少人还由此联想到了网络，有网友表示："当年网络正是因为广告多了，才开始走下坡路。"甚至有网友感叹："瞬间感觉朋友圈不像朋友圈了。"

因此，广告商们在推送广告时是否应该顾及用户们的反应？根据"你怎么看互联网在朋友圈插入信息流广告"的调查，有73.1%的用户表示不能接受，仅有7.4%表示可以接受。一些网友吐槽说，先前身边的朋友一个个都在做微商，就已经将朋友圈从生活的小圈子变身广告圈，"那个叫'朋友'的朋友圈早已经不是朋友圈，而是一个广告圈了。"和普通的朋友圈消息一样，互联网广告也由文字、图片等构成，好友可以进行点赞、评论。然而互联网广告能绕过"关注"步骤，直接在朋友圈内撒下海量广告。朋友圈里来了广告，不少用户难免心生反感，"感觉像是突然有人闯进了自家客厅发广告传单"。

≫ 价值挖掘

利用个人数据挖掘商业价值，刚开始比较简单，就是用于辅助产品人员和市场人员做判断。过去的实体产品做一次调研非常麻烦。比如饮料公司，调研人员要用各种方式观察消费者喝饮料的场景和步骤。问卷是最常见的，但不精准。所以会组织各种各样专业的现场试验，要搭建环境（一般是有单面玻璃或摄像头的）、邀请志愿者，然后引导他们按照日常的习惯去完成一些操作。显然这种办法非常笨拙、成本高。而现在的互联网产品根本不需要这么麻烦。用户所有的使用数据、行为，都已记录在案，想知道什么，瞬间就能分析出来。过去想知道用户有没有做一件事（比如有没有用过某个功能）太难了。现在呢，就"点击"这个行为，点击了几下、点击在哪里，什么时候点的，甚至是在什么地方点的、点击之后又做了什么，一清二楚。用户平时用不用这个功能、怎么用这个功能，也就一目了然。

对于产品设计者来说，这是至关重要的数据。而且，这是完整的数据！如果是互联网产品，那么则是所有用户的数据，还不是过去传统行业产品的样本数据。网络知道所有互联网用户有多少人用朋友圈、这些用户每天都发几条朋友圈、这些用户每天都发了什么。每一个数据都是真实可用的。过去发行量再大的报纸也很难知道读者性别，然而现在再小的网络公众号也可以实时获取。过去卖一瓶水，可能到某个超市数据链就断掉了，不知道这瓶水

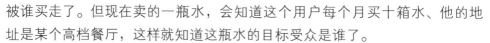

被谁买走了。但现在卖的一瓶水，会知道这个用户每个月买十箱水、他的地址是某个高档餐厅，这样就知道这瓶水的目标受众是谁了。

进行效果评估，完善产品运营，提升服务质量，其实相当于市场调研、用户调研，迅速定位服务群体，提供高水平的服务；对服务或产品进行私人定制，即个性化地服务某类群体甚至每一位用户（笔者认为这是目前的发展趋势，未来的消费主流）。比如，某公司想推出一款面向 5 ~ 10 岁儿童的玩具，通过用户画像进行分析，发现形象 = "喜羊羊"、价格区间 = "中等"的偏好比重最大，这就为新产品提供了非常客观有效的决策依据。

人们可能对行为数据表示不屑。在网上买了点东西、跟朋友微信聊了几句、去百度随便查了点东西，就能知道是什么人？

别说，还真可以。只要数据保质保量。

举个例子，你一个月没买避孕套而这两天突然买了三盒，那可能是你要跟异地恋的女朋友见面了；你在网络跟异地的某个妹子聊得特别多、还经常视频，那这大概就是你异地的女朋友；你在百度一直搜东南亚的机票和旅行攻略，那你可能要去那里玩。就是这么简单的三条数据，就可以大概推测出，最近你要跟女朋友一起去东南亚旅行。说实话，做这么基础的逻辑推断，比下围棋容易多了。

比如你给谁打电话，就可以知道你的近期事务：妇科医生？要生孩子了；律师？最近有官司。你买东西时，可以知道你的消费能力、家庭状况、喜好甚至性格：高端笔记本？爱玩游戏；吉他、钢琴？喜欢音乐。你出门消费时，可以知道你的生活习惯和个人情况：健身房？应该很健康；经常保健？可能身体比较虚。你加别人微信时，可以知道你的社交圈子：认识李开复？应该不是一般人；通讯录里都是老师？那可能也是一名教师。

这些产品的数据拥有者，完全不需要派个私家侦探来跟踪你。只需要等你自己乖乖地把这些数据送上来。春节的时候，支付宝为什么要和微信争抢小额支付和社交场景的支付？不是为了那点手续费，而是为了它缺失的社交支付这一块。这块数据的价值，超乎你想象。

未来我们每个人的衣食住行、生活起居，都将有大量的数据记录。我们的行为会变成一串串数字，成为可量化的数据，成为描述我们的信息。我们工作用纽带线 CRM、吃饭用饿了么、打车用滴滴、搜东西用百度、社交用微信，每一步都被记了下来。

不信？你可以翻出你在搜索引擎的搜索历史记录，它对你生活的描述绝对比你自己的日记要真实得多。

这些数据将被转换成有价值的商业数据，来描述你各方面的信息。你喜欢黑色的衣服、你比较文艺、你有高度近视、你最近刚失恋……关于你，可能这些数据比你自己都要清楚。弊端在于，我们的隐私暴露无遗。只要数据的拥有者想做点坏事，那真的一切皆有可能。

大数据绝不会止步在仅仅为决策提供帮助，它的终极形态就是可以用海量的数据描述我们一个个具体的个体。当达到这一步时，现在所谓的市场调研、用户分析就太小儿科了。因为，大数据已经完全能够塑造每个个体。

>>> 互联网金融

拥有最全面的个人信用信息的，是人事局吗？是银行吗？NO！NO！NO！是支付宝。不知从什么时候开始，征信仿佛一夜之间成了一个很热门的业务。很多文章都描绘着征信未来广泛的应用和庞大的市场份额。其间，虽然偶尔也有人出来泼冷水，但显然很快就被更为狂热的后进者所淹没。

一般互联网金融公司的业务主要可分为六大部分：支付、理财、融资、征信、国际业务以及技术和数据业务。支付业务是金融服务公司赖以起家的业务，也是众多互联网金融业务的入口。互联网行业有一句话，叫"得支付者得天下"。主要的互联网金融公司，其收入典型来源如下：

● 利息收益：资金收付存在时间差，产生资金沉淀，网络支付获得沉淀资金存款利息。

● 佣金收益：支付公司向商家收取的收单费用。

● 广告收益：支付公司为商家提供广告位收取的费用。

● 其他收益：增值服务收益，如代买机票、生活缴费等。

例如余额宝，是一项由余额增值的服务。通过余额宝，用户在支付公司网站内就可以直接购买基金等理财产品，获得相对较高的收益，同时余额宝内的资金还能随时用于网上购物、支付公司转账等支付功能。

互联网公司聚宝集合了余额宝、招财宝、基金、股票等各类理财渠道。蚂蚁聚宝诞生，同时支付宝下支付和理财功能更加明确、清晰，金融服务公司正在支付和理财两个方面逐渐部署防火墙。

蚂蚁小贷承担阿里巴巴集团为小微企业和网商个人创业者提供互联网化、批量化、数据化金融服务的使命。蚂蚁小贷通过互联网数据化运营模式，为某购物网站、天猫网等电子商务平台上的小微企业、个人创业者提供可持续性的、普惠制的电子商务金融服务，向这些无法在传统金融渠道获得贷款的弱势群体提供"金额小、期限短、随借随还"的纯信用小额贷款服务。蚂蚁小贷致力于让小企业的诚信创造财富，并已成为网商小企业首选的金融服务商。截止到 2016 年 2 月底，超过 80 万家小微企业在蚂蚁小贷得到便捷高效的金融服务，累计为用户提供信贷资金超过 450 亿元。

京东金融业务是依托于零售业务存在的，而背后的支撑是大数据。很多人没有想到，互联网金融第一款面向个人用户的信用支付产品是由京东抢先推出的。京东金融的快速突围除了让 IPO 更具有想象空间和推动力之外，也带给业界很多全新视角和思考。京东白条是嵌入京东业务流程的金融服务，它的逻辑关键词在于：场景、生态、数据。京东金融的业务完全是依托于零售业务来做的，而他们真正的目的是打造生态圈，打通生态的上游供应商和下游消费者，撬动京东的账户体系。在账户体系中，可以通过金融业务为杠杆，增加用户的黏度、客单价、购买频次，将用户更好地"捆绑"在账户中。这无疑是一举多得的事情。京东 B2C 十年，最大的资源就是积累了大量的客户数据和消费记录。通过对这些消费、金融和大数据的深入分析和理解，对用户的消费记录、配送信息、退货信息、购物评价等数据进行风险评级，完全可以建立一套京东自己的信用体系。

研究过消费金融史的人不难发现，很多来自美国的参考范本，其市场推动者往往是实体企业。比如沃尔玛独立发行自己的信用卡和分期服务通用电器，为了给购买沃尔玛旗下家电产品的消费者提供更好的金融服务，它成立了消费公司，为消费者提供个人贷款服务；目前这项业务已成长为主要利润贡献来源。美国运通成立初期只是旅行社和快递公司，在发展过程中为满足客户需求提供直接的旅行支票或者信用卡等服务，最终成长为一家世界级的金融机构。

现在如果给京东的战略结构画一张图应该是这样的：首先是"电商业务、互联网金融、智能物流、技术"四驾马车，其中技术平台协同贯穿另外三项。而金融业务战略又被划分为四个部分：供应链金融业务、消费金融业务、平台业务和网银在线。用京东金融集团高级总监刘长宏的话总结，未来京东金融的模式，就是"互联网＋零售商＋传统金融服务"。

而将这些串联起来的核心驱动力正是数据。庞大的数据资源是互联网金融的最大资本和背书，甚至从某种层面来说，同样是数据，京东通过自营业务积累出来的数据，比阿里要更加"干净准确"。

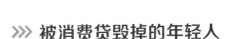 被消费贷毁掉的年轻人

去年"双十一"的花呗还没还完，今年"双十一"，Q又为自己的美丽事业"投资"了两三万。眼看着9号还款日马上就要到了，她有多焦虑，用脚趾头都能想到。淘宝和支付宝被她来来回回卸载了好几遍，还款账单还是那么长。"买买买的时候有多爱花呗，还还还的时候就有多恨它。"Q的这句话，大概也讲出了很多年轻一代的心声。跟Q一样，他们也是花呗、借呗的活跃用户。或者换句话说，花呗之类的平台，一开始就把目标锁定在他们身上。

2017年5月，"蚂蚁花呗"官方发布的《2017年中国年轻人消费生活报告》中，就有提到：在中国，90后年轻一代是花呗的主力军，25%的90后拥有花呗，并将花呗作为首选支付方式。年轻、上网、乐意接受新鲜事物，是他们的共同特征。但拥有的收入却匹配不上自己的消费欲望。在铺天盖地的花呗广告里，这种消费欲望有了一个新的说法：活成我想要的样子。要有爱好、要有自由、要去旅游看世界，这是在广告里的"自我"。而在广告之外，年轻人们又赋予了"自我"很多不同的表达方式。比如：心心念念的手办要买、最新款的手机要买、喜欢的口红要买、好看的包包要买。在花呗、白条等的加持下，"买买买"几乎变成一道捷径，让年轻人们以最快的速度，活成想要的样子、过上不将就的人生。根据蚂蚁金服的官方数据，2017年的"双十一"，花呗临时额度提高了1760亿元，交易笔数超过2.1亿笔，简直就是一场全民的消费狂欢。

说白了，花呗、白条等都是消费贷，只不过比银行信用卡的门槛更低、要求更少。有了这样的消费贷，人们"买买买"的能力更上一层楼，特别是原本收入较低、消费能力较弱的年轻人。数据显示，月均消费1000元以下的中低消费人群，在使用蚂蚁花呗后，消费力提升了50%。我们的钱包已经在隐隐作痛，可是，诱惑还在一波一波地砸过来——

花呗推出了"大学生认证"，趣店公开声明"坏账不追究"，各种借贷平台花样繁多的抽奖和红包，让我们经常产生一种幻觉：全世界都想借钱给你，让你买，让你花。在这种"如沐春风"的待遇下，很多年轻人的消费欲望被无限地拉扯放大，"买买买"似乎成了一种生活常态。说实话，当周围的一切都跟"花钱"挂钩、被消费绑架的时候，只要你不够理智，分分钟就会过度消费，掉进消费贷的大坑里。在现代化的社会里，借贷方便和超前消费，

在一定程度上来说是一种进步。只是如今的借贷，未免也太过"方便"了——打开安卓或苹果手机的"应用商店"，输入"消费贷"，都能轻松找到五六千个APP。如此消费贷井喷的现状，生生把很多年轻人都拉下水——

女大学生裸条借贷，甚至为还款而卖淫的新闻时有报道；高昂利息导致年轻人无力偿还，致使其跳楼自杀也并不罕见；贷款中介为牟取暴利，欺骗亲人朋友、暴力催收的现象也越来越多。说到底，都是欲望在作祟。而这些"吃人"的欲望，一开始可能只是一支口红、一部新手机。笔者曾经看过一则关于女大学生"裸贷"的采访，其中一个女生就是因为还不起几千块的"花呗"，为了几盒眼影、几件衣服，从花呗、借呗、校园贷、裸贷，一步一步走上了出卖自己的不归路。她说："我真的不是变相卖身，是真的想还完钱，结束这段疯狂的买买买。"可她不知道，现金贷这种东西，一旦沾上，就没那么容易摆脱。调查显示，背负着现金贷的人群中，高达95%的负债者在两个以上的借贷平台上有借贷记录。"拆东墙补西墙"是唯一的办法，而"上岸"就相当困难。在一次一次的透支消费中，他们离"想要的生活"越来越远，甚至成为商品，供人欣赏玩味。

前不久看到一句话："在我们的一生中，戒掉爱，戒掉性，都不稀罕。稀罕的是戒掉花呗。"为什么戒不掉？根据经济学家Prelec的观点，人们在进行信用支付时，体会到的"消费快乐"最为强烈，而"还款疼痛感"最为微弱。换句话说，就是"先消费后还钱"让人最爽。而这恰好也是各种"消费贷"让人上瘾的套路。

华为与腾讯间的数据之争

随着越来越多的企业发力于人工智能，硬件公司和互联网公司之间的用户数据争夺不可避免。据《华尔街日报》报道，中国科技巨头华为公司和互联网巨头之一腾讯公司被曝就用户数据使用问题发生争执。腾讯公司已就此事向工信部投诉华为公司。是什么让两家公司产生这么大的争端？答案是数据。掀起江湖风浪的不是产品，不是市场，也不是口水战，而是数据。

数据，成了时下炙手可热的东西。想当年，有"洛阳纸贵"的景象；看今朝，数据已成为江湖大佬必争之物，堪比"洛阳纸"。过去的一百多年，主宰世界经济秩序的，货币是其中之一。掌握了强势的货币，在国际上就有强大的话语权，比如美国。君不见，美联储的风吹草动，都让世界经济闻风而动。美联储说要量化宽松，世界立即露出笑脸；美联储说要退出量化宽松，世界立即阴云密布。如今的数据，还真有点货币的影子。不然，同处一城的两家巨头也不至于为了争夺数据而撕破脸皮，公开叫板了。

联想到前不久发生的顺丰与菜鸟之争、京东与天天之争，剧情原来都是如此的相似，所有的剧情不过是为了同一样东西——数据。数据，尤其是用户数据正成为"兵"家必争之物。如今，在用户数据的争夺上，各家有各自的地盘。比如腾讯的社交数据，阿里的消费数据，百度的搜索数据，京东的电商数据，各大快递公司的物流数据……

各家一方面为自己的数据设立"围墙"，防止他人来抢数据；另一方面又千方百计地从别人那里获取数据，充实自己数据的数量。在华为腾讯之争中，腾讯拥有 10 亿级用户的社交数据，建立了庞大的"数据帝国"，而华为作为终端生产厂家，虽然拥有用户的手机使用方面的数据，但对于用户在应用方面（如社交、电商、搜索）的数据，却是欠缺的。而这种欠缺，将阻碍华为在人工智能方面的步伐。所以，华为对于社交、电商、搜索、生活消费领域的数据求之若渴。对于华为和腾讯之间的关系，有人这样形容：华为就像一栋写字楼和物业，腾讯就像写字楼里的一家公司，公司里的人进出大楼，穿什么衣服拎什么包包，物业难道会不知道？这不，"物业"行动了。华为旗下的荣耀 Magic 智能手机的一个新功能，可以通过收集用户活动信息来提供人工智能服务，如基于用户的微信内容推荐餐厅，而信息的来源包括微信、支付宝等多个热门应用。显而易见，华为动了腾讯的"奶酪"，所以，腾讯向监管部门投诉了华为。

>>> 数据到底属于谁？

2016 年 12 月，华为发布荣耀 Magic 手机，并首次尝试人工智能应用，可根据微信聊天内容自动加载地址、天气、时间等信息；在通话、购物等时候也可提示相关服务信息。腾讯方面认为，华为的行为，不仅在获取腾讯的数据，还侵犯了微信用户的隐私。华为方面则表示，所有的数据都应该属于用户，而并非腾讯或者荣耀 Magic，荣耀 Magic 获取的数据都经过了用户授权。

仔细分析两家的言论，有一个巨大的疑问：数据到底属于谁？

腾讯一方显然认为数据属于腾讯，认为华为"获取"腾讯的数据。这有点像搜索引擎爬虫技术所遵循的 Robots 行业协议，目录中写明不允许搜索引擎抓取的，即便技术能够实现、即便网页上的权利主体——某购物网站的网店店主同意，如果淘宝平台不同意，百度同样不能抓取这些淘宝店的商品信息。

没错，这就是曾经引发巨大争议的"腾讯屏蔽百度"事件，那是遥远的 2008 年，但后来证明，腾讯的"霸道"行为为自己赢得了生存机遇，否则无论如何也构建不了海量店家和海量用户的网购闭环。

而华为一方认为数据既不应该属于腾讯，也不属于荣耀手机，而属于"用户"。华为说，数据属于用户。这个，作为一个手机用户，我个人也拍掌叫好。我的聊天记录，在朋友圈发的分享、点赞、评论，如果有人说不属于我，我觉得有必要和他拼命。

》》 数据是用户的！！！

华为腾讯之争，公说公有理，婆说婆有理，无论是硬件公司还是互联网公司，争的都是自己的权利。那用户的权利在哪里呢？用户的信息被泄露，用户的身份被滥用，用户手机上的空间被占用，用户的眼睛被各种垃圾广告所污染，怎么就没有哪家企业起来为用户说话，为用户争取权利呢？显然，在企业的眼里，"用户至上"只有一种情形，就是购买企业的产品或服务时，是"至上"的。一旦交易完成，权利也就归企业了。即便是购买产品与服务，很多情况下，也是不平等的，企业常常处于居高临下的位置，常常能够与用户签订不平等"条约"。

我们说，在大数据时代，数据争夺将是企业之间发生纠纷最重要的原因之一，也是最容易出现纠纷的内容之一。但是，数据争夺纠纷，显然不只是关系企业的利益，更关系用户的利益。譬如不久前京东与苏宁围绕天天快递服务接口的争执，以及更早一些时候菜鸟与顺丰的数据接口争执，都是围绕数据争夺而展开的。而争执的受害者，也都是用户。这也意味着，不管哪家企业，在发生争执和争斗时，都没有考虑过用户的利益，也没有考虑过用户的感受，而只顾自己的利益需要。

实际是，市场经济下，任何经济活动、经济行为，最终的落脚点都是用户。没有用户，哪来的消费，哪来的市场？就算是物物交换时代，用户也是第一位的。更何况，现在已经到了互联网时代，如果没有用户作支撑，所谓的市场行为、经济行为，都将归于"0"。然而，在很多企业的眼里，他们才是"1"，用户则为"0"，似乎用户是依赖着企业生存的。这是颠倒了企业与用户的关系。用户是水，企业是鱼，这个道理，企业没有懂，用户也没有能力让企业去懂。

毫无疑问，数据是用户的数据。如果大家都承认，大家都这么深明大义的话，那还争什么争?!

回到华为与腾讯的纠纷之中，如果双方都具有用户意识，能够对用户权利有足够的尊重。那么，就应当坐到一起，围绕如何维护用户权利进行商讨，研究解决问题的办法，而不是各说各的理。事实上，无论是华为还是腾讯，都应该按照工信部的回复中提出的"依照《电信和互联网用户个人信息保护规定》等有关法律法规，加强企业内部管理，自觉规范收集、使用用户个人信息行为，依法保护用户的合法权益"。

除必需的硬件和软件之外，其他的空间都应当是用户的。但目前的状况是，手机用户，哪个不被占据了大量空间；软件用户，哪个不被软件公司推送的广告所打扰。若企业都对用户有足够的尊重，就不会有类似的问题出现。可是，哪家公司主动跟用户打过招呼，又有哪家公司把使用用户权利获得的收益分配给用户！

最近一年，何崇明显感觉生意不好做了。前不久，何崇谈了家手机品牌客户。模型已经设计好，到了快签约的环节，单子却被突然杀出的一家电商巨头夺走了。"因为人家直接就有数据，而我们还在用模型去猜测用户行为，自然没有对方直接准确。"

"技术、算法是没有门槛的。"算话征信CEO蒋庆军如是说。在普通人看来很高级的算法，其实有足量的技术人才可以做，没什么稀罕，也构不成竞争门槛，真正的门槛是数据。例如，当电商公司发现10%的三星手机用户已经开始浏览华为手机，甚至放进购物车里，它就可以把这部分用户的数据交给三星，让三星有针对性地做营销来挽回老用户。

而且，要服务大客户就要有大的数据量。"如果客户让你精准营销5万人，匹配度至少要达到80%，才能赚钱。这就要求你有非常大的用户数据。"

大公司对数据资源的把控不仅在收紧，他们还试图把触角伸到对方的地盘，围绕数据的战争由此才接二连三地上演。

正如马云所说，数据是这个时代的能源，围绕它的"石油战争"已经打响。

2017年2月，"新浪微博诉脉脉"成为大数据不正当竞争第一案。起因是脉脉未经授权及未注册的潜在用户许可，就调取了非脉脉用户在新浪微博场景中的头像、职业等用户信息，放在自己的 APP 上。虽然 2013 年时脉脉和微博有关于用户数据的合作协议，但脉脉因为还拿走了超出协议范围的教育信息、职业信息和手机号，最终被判赔偿新浪微博 200 万元。

作为一家起步较晚的社交平台，脉脉从微博"拿"用户数据，显然比自己做要更快更省力，但微博显然不愿意慷这个慨。

2017 年 6 月初，阿里系估值 500 亿元的物流平台菜鸟和顺丰因为数据掐起来了。菜鸟控诉合作方顺丰，关闭了丰巢自提柜和淘宝平台物流数据的信息回传。顺丰则指责菜鸟，说它越权，索要了顺丰上非淘宝系电商的用户消费数据。

华为想跳脱出卖硬件的单一模式成为一家人工智能操作平台，而这一切的起点，就在于数据。

李开复曾公开称，人工智能领域有"七个黑洞"：美国的 Google、Facebook、Microsoft 和 Amazon，还有中国的 BAT。"这对人工智能的发展并不是好现象，反而造成了困扰。因为大量资料（数据）并没有被（他们）分享。"

政府机构也认识到数据止成为行业乃至社会运转的基础。央行旗下的中国互联网金融，正牵头组建"信联"的征信机构。它号召芝麻信用、腾讯征信这类个人征信试点机构，和百度、360、网易等互联网公司，共享自己的数据，由央行控股，成员机构依据贡献情况获得股份。早在 2016 年，政府原本计划向 8 家机构发放个人征信牌照，但至目前，央行征信管理局却宣布，因没有一家合规而未能发牌。

不仅巨头们在碰撞中互不相让，国与国之间也在展开数据资源竞赛。新发布的《网络安全法》特意提及了数据跨境问题。"关键信息基础设施的运营者在中华人民共和国境内运营中收集和产生的个人信息和重要数据，应当在境内存储。因业务需要，确需向境外提供的，应当按照国家网信部门会同国务院有关部门制定的办法进行安全评估；法律、行政法规另有规定的，依照其规定。"这意味着，作为一种有价值的资源，国家希望把数据处于自己的监控之下。

"今日头条"成立 5 年后，其估值已经达到 110 亿美元。这家用"数据 + 算法"分发内容的公司，给下一代商业场景做了个示范——"人工智能 +"正在取代"互联网 +"，成为下一代商业的基础设施。

既然新闻 APP 能推送你想看的新闻了，广告也越来越精准了，地图和打车 APP 已经能决定你的行车路线了，那下一步，你走进商场，迎宾员叫出你的名字，推荐你有兴趣的商品，或者根据你的信用评分，决定你走贵宾通道还是普通通道，乃至你的手机系统陪你聊天……这些原本科幻电影中的场景，看起来也并不遥远了。

只是，这一切都需要建立在每个人的数据是自愿提供的基础上，建立在数据使用者有所克制、不去滥用的情况下，建立在违规者被惩罚、不至于劣币驱逐良币的生态下。

然而，在目前的数据争夺战里，克制是一项罕见的品质。一位混迹网络安全圈多年的"老江湖"对自己个人数据的保护养成了几个习惯：设置涵盖各种符号、大小写的 15 位以上的复杂密码；保证不同账户密码不重叠；每月底逐项核对信用卡账单，防止被黑、盗刷。

数据平台与用户的版权利益之争

我发布的创作内容归谁？

2017 年 9 月，中国两大平台微博和微信的新动态，牵动了数千万内容创作者的心。

微博在新版用户协议中加上了"（用户）不得自行或授权第三方以任何形式直接或间接使用微博内容"的条款，尽管其随后发布的《微博用户内容版权权益释疑》指出，版权或者著作权理应属于内容创作者所有，微博作为发布平台只享有一定范围的使用权，其条款只是针对"第三方非法抓取"。但汹涌的民怨业已造就，微博吃了个哑巴亏；微信的动态则跟苹果内购新政有关，个人用户可以在不使用应用内购买的情况下向另一个人赠送礼物，这被外界普遍解读为微信早先在 iOS 端被砍掉的赞赏模块已经沉冤得雪，以后又可以愉快地给公号主打赏了。

之所以说牵动内容创作者的心，除了因为微博、微信两大平台占据了自媒体平台的大头，一个小小的变化就会给行业带来地震外，还因为微博、微信的变化切实关系到作者两大核心利益：版权和收益。

微博用户版权争议背后，反映的是用户发布的内容到底属于谁的问题，这个问题如果得不到解决，以后迟早要成为各大内容平台争执不休的议题；而含糊不清的苹果内购新规并没有打消微信公号主的疑虑：我的粉丝打给我的钱，是我自己拿，还是我和平台以及管理平台的平台一起拿？

先来看微博这件事儿，它涉及两个层面，一个是用户和平台的关系，一个是平台和平台的关系。要是没有后者之间的争议，也不会有前者问题的出现。

微博这版用户协议里"不得自行或授权给第三方"的规定，本意是为了杜绝像今日头条这样的平台直接抓取微博用户内容的行为再度发生。

用户只需轻轻点一下授权，该授权账号发在微博上的内容，就会同步在今日头条自己的移动版微博——微头条上。

多年积攒下的用户，点一个小小的按钮就把内容同步到其他竞争性平台上去了，微博岂会答应？而新版用户协议的更改，可以看作这一意志的延续和加强。

因为微博一开始表述得太过模糊，这项用户协议的更改经传播后被广泛理解为：用户在微博发布的内容，版权最后控制在微博手里。随后微博更改了描述，发布公告指出，版权归用户，用户也可以把内容发别的平台，但是不能自行授权第三方抓取。

用户在微博发布的内容属于用户自己早已有据可依，但这一次亟待法律解释的，是用户拥有的著作权到底拥有多大的边界？比如，如果用户真正拥有自己发布内容的版权，那么其授权允许第三方平台通过技术手段同步内容，究竟属不属于自身合法权益的一部分？

微博早先曾经因为脉脉抓取微博用户关系链而将其告上法庭，经过几番诉讼，明确了微博的权益，但脉脉当时失利的逻辑，更多在于未经用户授权就抓取了关系链，所谓"用户—平台—用户"三重授权的规定到底能不能应用在用户主动授权的情况下，目前国内尚无定论。

知名技术专家曹政介绍过一个国外类似情况的处理方案：一家猎头公司编写脚本抓取了领英用户的公开数据，引来领英的诉讼，但是当地法院初步判决抓取不侵权，理由是，领英用户公开的数据所有权属于用户自己，猎头公司的行为并不能证明侵害了用户的隐私。

在这种尺度下，抓取公开信息到底违法不违法，看的主要是有没有侵害用户隐私。如果这样的判决应用在国内，那么用户主动授权给第三方抓取的行为，自然是合法权益的一部分。

根据我国的《著作权法》的相关规定，著作权主体是"公民、法人或其他组织"，必须"创作作品"。平台作为服务者不创作作品，因此不能被认定为著作权主体。著作权主体的权利范围包括"复制权、发行权和信息网络传播权"。用户将发布于服务平台上自己创作的内容进行转发，其行为应认定为行使著作权人的信息网络传播权，理应是自由的。

>>> 利益纠缠

和微博带来的争议不同，苹果和微信因为公众号赞赏这件事前前后后向公众展现的则更为复杂，掺杂了更多更广的元素，体现的是"用户—内容平台—内容平台的管理平台"三重关系。

在苹果 iOS 系统下，用户所有的应用下载行为都需要通过 App Store 这个单一管道，而这个管道的运行逻辑在于 IAP（in-App Purchase，应用内购买），开发者收入的 30% 将会直接被苹果抽走，这是 iOS 生态系统的"霸王"条款，但是确保了开发者和平台的秩序。

IAP 的主要应用场景是各类虚拟数字产品，比如电子书、在线音乐、充值类虚拟货币、游戏直播中道具、会员类产品、表情包等，但由于这中间存在很多模糊地带，开发者绕过 IAP 直接接入客户付费系统的情况也时有发生。

2016 年 12 月，苹果为了肃清这种现象，重新整理了 IAP 条款；而在 2017 年 4 月，苹果的目光终于瞄准了微信，核心就是让微信公众号的赞赏功能通过 IAP 实现，而不是微信自己的支付系统。这种超出常理的规定引发民怨众怒，在与苹果公司沟通无果后，微信最终选择取消 iOS 端的赞赏功能。

之所以说这个规定超出常理，是因为微信公众号的赞赏在实际意义上等同于公众号粉丝给作者转账的行为，而不是用户购买微信提供的商品（比如表情这种商品就需要走 IAP），这种情况都需要缴纳"苹果税"，实在是让开发者大呼意外。

当然，苹果在程序上拥有话语解释权。微信公众号的赞赏从形式上看并不是粉丝对作者的点对点转账，用户的钱需要先经过腾讯，再由腾讯转交给公号主。理论上，苹果没有渠道监测用户的这笔钱到底有没有被微信抽成过，如果微信是抽成的，那么苹果要求它走 IAP 就很合理。

随后，苹果调整了 IAP 新规，允许不经过 IAP 直接购买现金礼物，但是要求赠送者完全自愿，且赠送的全部金额直接归接受者所有，平台本身不能抽成。

很多人将这个条款理解为苹果为微信赞赏模块网开一面，并将其与马化腾和库克此前的会面联系在一起，但细细研究具体条款会发现，微信赞赏到底能不能上架，还真的不好说。

根源在于，我们不知道苹果到底怎么监测这一整套体系，即如何判定所谓的现金礼物是否直接归接受者所有。如果还按原先微信赞赏实行的"用户—微信—作者"的模式，那么苹果怎么知道这笔钱真的 100% 转给了作者本人呢？而如果最后要切换成直接点对点的"用户—作者"转账，那么这个功能可能只会是微信的量身定做，因为各个内容平台严格意义上说，并没有微信、支付宝那样个人对个人的支付架构。

对于大多数平台来说，相比赞赏，他们更关心的问题是打赏，在新规下，赞赏能不能上尚且是个疑问，但打赏不被抽税的路，显然被堵得更死了。

打赏的模式，与百分百让利给作者的赞赏模式完全不同。以 iOS 端的直播平台为例，打赏的礼物，苹果会先收 30% 的税，平台拿到钱之后会接着再收一笔分成，最后再交给内容创作者提现，一般来说，掏 10 块钱送的礼物，最后落在主播手里可能只有三四块钱。

不仅仅打赏受到更严格的限制，前些日子火爆的付费问答，也不符合内购新规免抽成条款的规定。以微博的付费问答为例，由于微博平台会抽成 10%（现在 iOS 端是 5%），绕过苹果 IAP 显然也是不可能的。

现在的看点是，微信早就想推出的付费订阅在当前情况下到底会怎么做？如果微信选择不抽成，苹果又会不会允许其适用新规呢？

>>> 利益捆绑

用户生产的内容属于用户，用户粉丝贡献的收入属于用户自己，这就是微博、微信这两件事情里面，普通人呐喊最多的诉求。就上述探讨来看，这种朴素的愿望面临着一个偏悲观性质的结果。

谈论内容的版权问题真的是太后知后觉了，在此之前，有很多关键的问题被忽略了，这才是造成内容版权越来越被平台轻贱的重要原因。比如，假设你的内容属于你，那你通过内容积攒下来的粉丝，到底是属于平台，还是属于你？

众所周知的一个情况是，目前各个平台推进的个性化推荐战略，截断了粉丝和博主之间沟通联系的桥梁，平台把控着内容的信息流分发大权，一个 10 万粉丝的博主，在平台的把控下，可以把自己的内容传递给 100 万人观看，也可能最后被限流在 1 万个人。信息的通道都不属于你了，谈版权又有什么用？

如果微博在这件事情里一开始就没有把矛盾面向全体用户，而是专门针对大 V 用户定向告知，那么这件事情绝对不会演化为公关危机。微博的大 V，尤其是那些和微博深度绑定且有签约关系的大 V，早已是微博利益共同体的一员，大 V 们从微博那里得到了流量、资源和广告等变现手段，若脱离微博是不明智的。

一个难以否认的既定事实是，用户生产的内容属于用户，但是大 V 生产的内容可能真的不仅仅属于大 V 了，尤其是在利益捆绑之后。

除此之外，轻易将内容转发到别的平台，也有可能会对个人版权造成侵犯，因为个人数据很可能被廉价贱卖。

这有些让人难以理解，现实里我们办理很多业务的时候需要频繁地提供各类证明，为什么这个时代更宝贵的数据资产，没有相应的规章制度出台保障最起码的流程安全？

再来看收益这个问题，即使内容属于你了，粉丝属于你了，但是委身于他人的平台可能还是不能保障你的全部权益，比如粉丝直接给你的钱还要被更大的头儿抽取服务费。

让我们来梳理一下，粉丝给你的钱究竟要通过怎样的利益管道才会到你手上：上游会有 App Store 、Google Play 以及部分手机厂商；中游有 APP 开发者，也就是为你提供内容的平台站方（像直播平台还有依附平台的公会经纪体系）；下游有各类支付体系，从 SP 时代的通信运营商，到如今的银行及微信、支付宝这样的支付系统，这种资金的摩擦成本最后都会转移给普通用户。

被遗忘的权利

纵观这些关于数据的争端，都存在一个共同之处，就是对数据的边界、数据的所有权与使用权缺乏一个统一的认识。因而，结果就是"公说公有理，婆说婆有理"，争论不休，最后也争不出一个结果，只能靠监管部门来调停。

以前，数据也是无处不在，但是因为价值不大，所以也没人把它当回事。就像我们每日呼吸的空气，绝对不会有人去想这些空气有什么边界，所有权归谁，谁享有使用权。但是如今，数据成为一个标的物，成为一种无形的财产，自然再也不能把它视为空气，需要思考一下它的边界在哪，它的所有权归谁，它的使用权归谁。

华为和腾讯之争已经掀开了这个盖子，所以对于数据的这些属性的界定已经到了刻不容缓的时候，否则，这样的事情解决了一桩，一定还会出现另一桩，会按下葫芦起了瓢。

作为消费者，当然觉得数据属于自己。拿社交数据来说，觉得这是属于个人隐私，属于神圣不可侵犯之列。属于个人隐私的部分，绝对不可以让他人查看，更加别说使用了。即使授权了，也只能在授权的范围内使用。任何数据的采集都必须经过用户的授权允许，否则就是"窃取"，就违法。目前普遍存在的问题是用户授权。消费者普遍感觉到，一些不需要的软件不知道什么时候就到了电脑和手机上。用户在注册每一个网站、每一个 APP 的时候，都会有一个长长的协议格式文本，通常都有四五页，用户在注册的时候，若非专业人士，很难去逐项琢磨，一般会选择也只能选择"同意"其协议条款。而所谓的获取授权，就是这长长套路中的某一条，多数用户可能在不知不觉中"被授权"。

对于由用户触发、在终端设备上产生、然后存储于应用服务商的存储器上的数据，其实质是一种特殊的物种。它不同于我们平常的所见的有形的衣服、私家车、房屋等物品，也不同于专利、创意、文学作品这种无形的知识产权。往细里说，它是比特流；往大的方面说，它是资产，而且是流动的资产。

这种物种通过流动不断产生价值。首先，它的生产者，也就是用户，毫无疑问，拥有所有权，如果涉及用户隐私的，应用服务提供商有义务对其加密。然后，当它在上层的应用和底层的终端硬件中流动时，如果没有用户授权，一切采集行为都是"偷窃"。最后，即使是存储在应用服务提供商的服务器上，应用服务提供商也只能在不侵犯用户隐私的情况下有限度地使用数据。这又牵涉到个人隐私需要明确界定的问题。

话说回来，在数据的流动过程中，虽然数据的位置发生了变化，但是所有者并没有发生变化，除了用户之外，其他人都只有使用权。如果用户授权，则发生使用权的转移或者共享，并不发生所有权的变化。

那么，问题来了，应用服务提供商要叫屈了，你那么多数据免费放在我的服务器上，占用我的资源，我不是亏死了？这样也不太合理啊！问题是，谁叫你免费呢？如果你觉得可以，你可以收费。当然，如果你觉得不经济，还可以删除之。

如果这些清楚了，数据之争也就不存在了。

数据保护法刻不容缓!

有网友调侃说,你在微信勾搭小三的记录,除了你老婆不知道以外,搜狗输入法、高德地图、百度网盘、360手机卫士等都知道了。

虽然只是一句调侃,但是细思极恐。大数据时代来临,数据量越来越大,数据的生产、转移、存储、使用越来越频繁,对经济和社会产生了新的挑战。前面提到的顺丰菜鸟、京东天天、华为腾讯之争,莫不是这种新时代下的新冲突。

解决一个个争议事件,依靠行政的力量,只是治标不治本,更需要的是从上层建筑的层面来解决。比如从立法的角度来明晰数据的边界、产权、使用权,提供规范性的指导意见,让个人、企业、政府产生共识,明确各自的责权利,从而有法可依,有法必依,依法行事。

可惜的是,现行的立法,对于数据这些方面,尚不甚完善。在这方面,欧美已经走在了前面。比如,欧盟已通过《数据保护总规》,2018年正式生效,明确了数据的被遗忘权、更正权、限制处理权、数据可携权、数据获取权、信息知情权、知情同意权等规则和企业设立数据保护官、限制用户画像、限制随意跨境转移等义务。

美国白宫两度发布大数据报告,探讨大数据时代的数据保护及数据伦理,推动个人数据保护综合性立法,推动个人数据保护领域性立法,并颁布个人数据保护操作指南。

《权力的游戏》里最广为流传的一句话是"凛冬将至"。其实,对于我们来说,倒不是"凛冬将至",而是"大数据时代将至""智能时代将至"。

为了迎接这个时代,我们需要规范和秩序,为大数据立法,是其中之一。诚然,大数据立法面临四大挑战:个人数据保护、政府数据开放、数据流通与交易、数据跨境流动。但是,再困难也要去做,再大的挑战,也需要面对。因此需要尽快立法,从制度层面保证数据的合理生产、流通、采集和使用。

比如关于数据的所有权和使用权分离的问题,就非常值得关注。打个比方,用户用微信聊天,这个聊天记录是属于用户还是平台?获取聊天记录需不需要本人同意?平台在未告知本人的情况下将聊天数据用于商业用途,该怎么定义这种行为?这一切都亟待相关部门出台相应的法律和制度。

而这,既关乎商业伦理,更关乎每个人切身利益,绝不容忽视。

立法正逢其时

北京外国语大学丝绸之路研究院对"一带一路"沿线20多个国家的青年最爱的中国生活方式进行了调查。在国外青年"最想把中国的什么带回国"的采访中,评选出中国的"新四大发明",分别为高铁、支付宝、共享单车、网购。"出门不用带钱包,就带手机""外卖快递都非常快""高铁很棒",在华外国人由衷地对中国领先的互联网高新技术发出赞美之词。有统计数据显示,截至2017年7月,中国手机网民规模达7.24亿,从绝对数量来说,其规模总和超过美国和欧洲网民之和。艾瑞咨询的数据显示,与美国市场比,中国移动支付规模是美国的50倍左右,超市、餐馆、商场及线下交易正被移动支付全面占领,普及率和渗透率远远超出美国等任何一个国家,并形成了成熟的移动支付消费习惯。目前,通过微信、支付宝进行转账和付款已司空见惯,比如用餐后的支付,看电影买票,朋友间转账、发红包……而美国依然以信用卡为主,从这个对比维度来看,中国确实领先一筹。在电商领域,中国电子商务在全球各大市场中渗透率增长最快,占全国社会商品零售总额的15%,美国仅仅10%,也落后于中国。而在增长速度上,美国电商增速仅为15%,而中国则保持了高达24%的增速。特别是在移动支付和即时通信领域,美国人也发出了中国逐渐由"模仿"到"领先"的赞誉。

在信息化时代,数据收集和数据开发利用的规模急剧增长,数据已经成为经济增长和社会价值创造的源泉。快速发展的数据挖掘与利用技术使个人在网络空间逐渐由"匿名"变为"透明",传统方法已很难有效应对大数据环境下个人数据保护的新问题,并且随着移动互联网经济的发展,促进了数据经济和数据资产化加速化,这样就遇到了有关大数据的法律问题,比如,"游戏币"等虚拟货币属于个人资产吗?个人去世后平台上的账户亲人能够继承吗?我们正置身于大数据时代,诸如此类的数据财产的纠纷也层出不穷,这为数据法律的创立带来重大机遇。我国有可能在已经领先的移动互联网发展上开创出新型数据财产制度。建立合理全面的新制度也是解决上述问题的一剂良药。

　　利益法学派鼻祖耶林曾言，法律应该是一种合乎社会目的的存在，且"是通过国家权力作为外在强制保障的社会存在条件的总和"。法律在与社会现实的关系上，应该努力适应而不是裹足不前，"制定法本身和它的内在内容，也不是像所有的历史进程那样是静止的，而是活生生的和可变的，并因此具有适应能力"。

　　遗憾的是，我国立法迄今为止并没有对数据经济提供一种清晰而合理的法律解决方案。我们现在对于数据经济立法尚处于缺失的尴尬境地。既有的做法，依旧囿于传统法律框架，在确立用户个人信息人格权保护基础上，进行单边式规范调整，即使做出了一些必要变通，但仍然远远不能适应数据经济的合理需要。数据经济时代呈现出一种特别复杂的利益关系，数据所有者、数据持有者和数据开发者互为依存、利益交织，由此引申出数据所有权、数据使用权和数据开发权等多种数据财产权利，并且这种财产权利表现出数据所有者和数据开发使用者相分离的状态，数据财产具有在不同利益主体间快速流动的特性，让人难以把握。尽管如此，数据新型财产权构建正当其时。既要保护好个人数据，也要处理好数据开发者和数据所有者之间的关系，推动数据经济蓬勃发展，更好体现分配正义原则，平衡好自由、效率、安全和公平等各种价值，唯有立法。

　　底层的创新，是产品的创新，三流企业提供的是产品；
　　中层的创新，是技术的创新，二流企业提供的是技术；
　　高层的创新，是制度的创新，一流企业提供的是标准；
　　最高级的创新，是规则的创新，因为这是一种责任。

二、从"IT"到"DT"
什么是个人大数据？

■万物皆数据，数据已经成为数字时代的石油和重要驱动力量。从数据主体来分，数据资源可分为政府数据、企业数据和个人数据。从数据价值角度来看，个人数据如人的生命一样如影相随，也是人存在于这个世界的重要标志。

大数据时代让个人隐私无处遁形。我们每天的活动都可以形成详细记录，包括逛商场、乘坐交通工具、吃饭、去医院、求职、打电话、网上购物等，都会留有详细的电子记录。这些都形成了个人大数据。

大数据是为人民提供便利服务的，但大数据安全也引起了个人账户与隐私、用户对个人信息控制权、网民信息泄露等新问题。

对于许多人和企业来说，PC 互联网都还没有摸透，却又迎来了移动互联网。我们已经从"IT"时代走向"DT"时代，即一个公平、开放、透明的大数据时代。在大数据时代，意味着生活、工作与思维模式的全方位革新。IT 时代是以个体为中心，意味着垄断信息就能获得巨大的利益。DT 时代是以他人为中心，必须学会分享数据和分享利益，必须让他人强大自己才会强大，进而推动整个世界走向信息共享、普惠和持续健康发展。

万物皆数据

几千年前，毕达哥拉斯就说：万物皆数。

当今世界，数字化信息多得难以想象……从商业到科学，从政府到艺术，其影响无处不在。人类一直在有意无意地采用数据方法来思考，几乎所有的领域都有数据的影子。譬如读心术，就是通过分析身体语言、微观动作、面部表情、空间行为、触觉等非语言行为数据再结合社会习俗、文化背景、民族习惯、现场气氛、对象资料等背景信息来推测对象心理。最近，"别对我撒谎"就试图利用图像数据来分析心理，当然智能程度还很低；而侦探就是通过收集现场等数据试图还原真相；所谓闻香识女人、知己知彼百战不殆、分久必合合久必分等都是对数据的收集和运用而得出的结论。

但是，现行的数据技术并不能解决所有的问题，因为很多数据还没有办法收集存储，随着采集技术的发展，未来，一切皆可测量，一切皆可数据化，所有领域的专家，都将是数据科学家。

数据的细节很多，比如我们表征一个事物需要记录时间、地点、人物、事件，以及人物心理、周边环境、星际运行，甚至粒子级别的运动等数据。进入量子计算时代，对个人数据的追踪和记录将会直达人体内每一个细胞，对每一个细胞的量子态进行记录，唯有如此，才能够根据"量子纠缠"效应，将你瞬间传递到宇宙的任意一个角落。

云计算、大数据、量子计算能够把你所有的行为数据都记录下来，让人能够更加懂得自己。小说《三体》中有这样一个情节，只携带了生物遗传信息的云天明大脑，能够被人类发射到未知的宇宙空间，并据此被外星生物以普通物质重新生成一个"云天明"人。这其实并非什么奇谈怪论。从另一个角度来审视我们的世界，我们的世界构成除了基本的物理组分，也许就是"数据"或"信息"这样一个存在。它能够使相同的碳原子、氢原子、氧原子，在不同的遗传信息的指挥作用下变化生成不同的物种、物质。而当你能够掌握的"数据"逼近无限时，你就能够逼近还原，重现一切历史及现实，包括所有的人、行为、思想、物质环境，一切的一切。一直潜藏在人类意识深处模糊不清的、我们奉为最高的所谓的"造物主""神"或"罗格斯"，是否就是那个最终的数据集合的本源？

从数据到大数据，在这个数据为王的时代，数据第一次以一种独立存在的面目引起世人关注。我们世界的本质到底是什么？这是数据带给今天人类的哲学思考。

"除了上帝，任何人都必须用数据来说话。"美国管理学家、统计学家爱德华·戴明如是说。

大数据的内涵与外延

技术的进步，包括互联网、移动互联、物联网、可穿戴设备等技术的发展和运用，使得企业和个人更多的行为可记录、被记录、可分析、被分析。由此产生的数据资源也正和土地、劳动力、资本等生产要素一样成为促进经济增长和社会发展的基本要素。一般认为，数据是以电磁等介质为载体的信息。数据的内容是信息，而其物理表现形式则是电磁等介质。在人类历史上，迄今为止发生了三次信息载体革命，第一次是语言，第二次是文字，第三次则是数据。语言使人类文明得以建立，文字使文明得以保存和传播，而数据将使文明演化速度大大加快。

关于"大数据"（big data）的内涵与外延，存在多种解释和定义。这些定义多半是从人类通过技术感知、技术处理后产生的商业价值等人类对其使用和处理手段的角度进行界定的。例如最常被引用的 IBM 对大数据给出的 4V 特征，即大数据量（volume）、快速变化（velocity）、庞杂内容（variety）和精确性（veracity）；Gartner 定义为"需要新处理模式才能具有更强的决策力、洞察发现力和流程优化能力的海量、高增长率和多样化的信息资产"；麦肯锡定义为"一种规模大到在获取、存储、管理、分析方面大大超出了传统数据库软件工具能力范围的数据集合，具有海量的数据规模、快速的数据流转、多样的数据类型和价值密度低四大特征"。

"大数据"概念，最先出现在经历信息爆炸的天文学和基因学领域，大约 2009 年开始成为互联网信息技术行业的流行词汇，用来描述和定义信息爆炸时代产生的海量数据并命名与之相关的技术发展与创新。2012 年是标志大数据时代到来的重要年份，随着互联网公司及其技术的高度发达，特别是移动互联网、云计算技术等出现，巨量级的网络社区、电子购物、物流网等得到前所未有的开发，数据收集系统不断普及，产品服务智能化不断升级，网络信息开始出现海量集聚，真正的大数据时代由此而生。大数据成为"人们获得新的认知、创造新的价值的源泉；大数据还是改变市场、组织机构，以及政府与公民关系的方法"。随着数据产生的规模呈现爆炸性、持续的增长，收集及处理数据的新技术的不断成熟完善，数据的存在价值渐渐得以验证和彰显。数据本身可以作为一种独立的客观存在，难以被人忽略。

数据及数据技术应用于经济领域，极大地改善了信息不对称、不完全状况，大幅度降低交易成本，使商业活动发生革命性改变。商业组织、商业模式、生产方式、交易标的、交易手段、交易地理范围等，都发生翻天覆地的变化。

"数据"与"信息"

大家常说"数据是信息的载体，是知识的来源"，但你知道数据（data）和信息（information）有什么区别吗？数据就是还没有加工的数字和事实。大家试图找寻数据和信息的区别，解释为数据多半指原始的数据，而信息指经过处理后得到的有意义和价值的东西。在现代社会，数据基本上可以分为物质数据和物理数据两大类。传统意义上的数据指日常生活中各种纸面统计数据，以及文学、图像或视频等形式的数据。当今数据多指的是"电子数据"（electronic data），限于在计算机及网络上流通的、在二进制的基础上以 0 和 1 的组合而表现出来的比特形式。总体而言，数据具有依赖载体而存在的重要特性，它只能依附于通信设备（包括服务器、终端和移动储存设备等），无上述载体，数据无法存在；而信息的生成、传输和储存只能通过原始的物理数据才能完成。

作为信息数字化的形式，电子数据通常与电子信息具有共同的意义，即信息通过数据形式生成、传输和储存，控制数据即掌握了相关信息。在这个意义上数据和信息具有天然的共生性和一致性。目前，各国（地区）理论和立法中"数据"与"信息"两个概念交互使用。具体而言，在个人信息保护立法中，欧盟及其成员国大多以"数据"来表述其立法保护对象；在加拿大和韩国，则直接使用"个人信息"作为其立法名称；而在我国香港和澳门特别行政区的相关立法中，虽然使用了"Data"这一英文词汇，但其对应的中文词汇却是"资料"，而从两法对于"资料"的定义来看，其更多指向的是具有实质内容的"信息"。数据和信息主要具有以下几点区别：

信息的外延大于数据。数据只是信息表达的一种方式，除电子数据外，信息还可以通过传统媒体来表达（如图书、音像等）。亦即信息因其内容而具有意义，但这些具有特定意义的信息并不仅仅由电子数据来传播，数据作为信息技术媒介为其首要特征。

数据兼具信息本体和信息媒介的双重属性，从而有别于必须与传送媒介相分离的信息。数据本身既是信息的数字化媒介，同时又可直接显现为信息本身，这是由当代计算机技术的特性决定的。正是基于数字化技术的特点，数据除作为媒介以外，同时又因其与信息直接对应，而带有信息本体性的特点。数据这种双重性质使数据相对于传统媒介的信息流通而言，具有自身独特的信息传播属性。它易于流通、复制、删除和存储，它在封闭的计算机和网络技术体系中流动，天然依赖于数据系统，并对信息的分享和保护呈现出自身的特性和运行规律。信息数字化的意义就在于信息脱离了传统媒介而由单一的数字媒介所取代，并形成一个封闭的系统空间，我们无法脱离数据来独立地享有和处理任何信息。

互联网技术系统打破了传统的信息先于媒介存在的状态，而使网络具有通过数据产生信息的功能。如海量储存在 Cookie 里的网络行为数据即体现为用户的网络行为信息，这种网络行为数据既是大数据的基础形式，也是网络数据具有市场价值和潜力的来源；又如网络游戏中的虚拟设备、电子邮箱和网店等电子信息都是由网络通过代码产生的，它基于数据而显示为信息，但这些数据及其显示的信息只能在网络中存在，在现实生活中并没有对应的表达形式和操作意义。换言之，没有网络服务提供者的技术支持，数据以及其所承载的信息都将随之消失。

我们把原始的个人数据也习惯性地称为"个人信息"或"隐私信息"。数据库和信息库，在中文语境中并没有什么不同的含义。更进一步，这些区分在互联网和大数据的时代似乎更没有什么意义。当数据量达到一定的程度而能够被称为大数据之后，数据本身就是信息。同时，数据可能会被多次处理和利用，而这些被处理利用的数据可能直接成为对实际生活产生意义和价值的"信息"，这些所谓"信息"也可能成为再次被分析利用的"数据"。在法律层面，我们在法律行文中可以见到"数据"和"信息"并行使用，不存在显著的含义差别。

数据和信息作为一种存在已有久远的历史。部分数据类型被法律所特别界定，成为法律关系客体的一种形态，被纳入法律体系中进行特定的规范或保护，例如人类智力劳动的产物——知识产权，以及与人类主体密切相关的隐私信息等。除此之外，普通数据并未成为法律制度中一个独立的客体被加以规制和保护。

信息以数据形式呈现后，借助功能不断增强的网络技术、存储技术、计算技术、先进算法等工具，可以实现海量收集、存储、加工、传输，从而不但使物理世界可以在虚拟世界完整、全面、清晰地"镜像化"，还可以通过算法对全数据进行分析，深刻洞见物理世界不同部分的相互关系。因此，数据技术使人类在信息交流、使用等方面不断突破时间、空间、规模、范围等的限制，并获得对客观世界的新认知。

对数据进一步处理得到的信息，可以拿来作为决策依据。数据是对信息数字化的记录，其本身并无意义；信息是指把数据放置到一定的背景下，对数字进行释义。但进入信息时代之后，人们趋向于把所有储存在计算机上的信息，无论是数字还是照片、音频还是视频都统称为数据。

"信息之于民主，就如货币之于经济。"美国第 3 任总统托马斯·杰弗逊早在 200 多年前就对信息的作用进行了高度概括。

生产都是基于对信息的反馈，信息的获取速度快了，效率必然提高。互联网历经了 30 多年的发展，互联网的出现和大面积应用从根本上改变了人类信息传递的方式，从而极大地提高了社会的生产效率。

数据化与数字化

数据化和数字化是两个不同的概念。数字化主要指把数据信息转化成为

0 和 1 表示的二进制码，主要目的是便于计算机处理数据。而数据化主要指依托数字化的手段对事物的描述，主要目的在于能够对信息进行量化、分析和重组。

数字化和数据化的差异是什么？回答这个问题很容易，我们来看一个两者同时存在并且起作用的领域就可以理解了。这个领域就是书籍。2004 年，Google 发布了一个野心勃勃的计划：它试图把所有版权条例允许的书本内容进行数字化，让世界上所有的人都能通过网络免费阅读这些书籍。为了完成这个伟大的计划，Google 与全球最大和最著名的图书馆进行了合作，并且还发明了一个能自动翻页的扫描仪，这样对上百万书籍的扫描工作才切实可行且不至于太过昂贵。

刚开始，Google 所做的是数字化文本，每一页都被扫描然后存入 Google 服务器的一个高分辨率数字图像文件中。书本上的内容变成了网络上的数字文本，所以任何地方的任何人都可以方便地进行查阅了。然而，这还是需要用户要么知道自己要找的内容在哪本书上，要么必须在浩瀚的内容中寻觅自己需要的片段。因为这些数字文本没有被数据化，所以它们不能通过搜索词被查找到，也不能被分析。Google 所拥有的只是一些图像，这些图像只有依靠人的阅读才能转化为有用的信息。

虽然这是一个现代的、数字化的亚历山大图书馆，比历史上任何一个图书馆都要强大，但 Google 希望它能做得更多。Google 知道，这些信息只有被数据化，它的巨大潜在价值才会被释放出来。因此 Google 使用了能识别数字图像的光学字符识别软件来识别文本的字、词、句和段落，如此一来，书页的数字化图像就转化成了数据化文本。

> 数据化意味着能够被量化和分析，从中提取出更多的信息；
> 数据化意味着能被快速定位和搜索，能够无数次地再现或者重现；
> 数据化意味着永生保存，能够被无数次地开发利用、价值重现和叠加。

大数据时代

维克托·迈尔－舍恩伯格在《大数据时代》一书中举了百般例证，都是为了说明一个道理：在大数据时代已经到来的时候，要用大数据思维去发掘大数据的潜在价值。书中，作者提及最多的是 Google 如何利用人们的搜索记录挖掘数据二次利用价值，比如预测某地流感暴发的趋势；Amazon 如何利用用户的购买和浏览历史数据进行有针对性的书籍购买推荐，以此有效提升销售量；Farecast 如何利用过去十年所有的航线机票价格打折数据，来预测用户购买机票的时机是否合适。

有人把数据比喻为蕴藏能量的煤矿。煤炭按照性质有焦煤、无烟煤、肥煤、贫煤等分类，而露天煤矿、深山煤矿的挖掘成本又不一样。与此类似，大数据并不在"大"，而在于"有用"，价值含量、挖掘成本比数量更为重要。

而当物联网发展到达一定规模时，借助条形码、二维码、RFID 等能够唯一标识产品，传感器、可穿戴设备、智能感知、视频采集、增强现实等技术可实现实时的信息采集和分析，这些数据能够支撑智慧城市、智慧交通、智慧能源、智慧医疗、智慧环保的理念需要，这些都将是大数据的采集来源和服务范围。

未来的大数据除了将更好地解决社会问题、商业营销问题、科学技术问题外，还有一个可预见的趋势是以人为本的大数据方针。人才是地球的主宰，大部分的数据都与人类有关，要通过大数据解决人的问题。比如，建立个人的数据中心，记录每个人的日常生活习惯、嗜好、身体体征、社会网络、知识能力、爱好性情、健康状况、情绪波动……换言之就是记录人从出生那一刻起的每一分每一秒，将除了思维外的一切都储存下来，这些数据可以被充分地利用。

大数据类型

>>> 公共数据

公共数据是指无主体指向的可以公开的数据，如对自然界的山体、江、河、湖、海等的测绘和采集等。有关城市和乡村的数据也是公共数据，其中的人流、资金流、物流、车流等数据也属于该公共数据。

数据的公共资源是指无主体指向的数据资源，也就是"脱敏"后的数据，即不能查到与其相对应的个体和企业，且可以经过加工向社会出售的数据。因为数据的持有机构负有加工的责任，因此它向社会提供数据服务，可以收取费用，比如社会资金流向地图、商品物资流向地图、金融生态状态图等等。

>>> 政府数据

政府数据指政府在行政执法过程中产生的信息，比如行政许可、法院诉讼等。政府数据是由政府和法律的强制力产生，对企业个人的生产经营和履约能力有一定的影响，涉及公共和他人利益。公共数据资源主要掌握在政府手中，主要包括人类对自然和宇宙认知的数据、作为历史遗产和现代知识产权的数据、经济社会信息数据。中国80%的数据资源掌握在政府手中。多年来，各级政府通过行政手段和公共管理过程，依法获取了海量数据。绝大多数国家部委、省级政府部门的核心业务都有数据库支撑。如公安部有一个覆盖13亿人口的人口数据库，工商局有企业法人数据库，金融、医疗、税务、质监、社保、教育等都有各自的数据库。

政府数据又可分为"政务数据"和"政府的数据"两种。"政务数据"主要是指政府办公形成的数据，而"政府的数据"范围更广，涵盖了自然而然汇聚的各种数据。以气象数据为例，气象数据既包括气候资料也包括天气资料，前者是整个气候系统有关原始资料的集合和加工产品，后者是为天气分析和预报服务的一种实时性很强的气象资料。天气预报就属于政务数据，而大气星云数据属于卫星接收数据，则归属政府的数据。

政府手中的大数据可分为三层：第一层是免费公开、惠及民生的数据；第二层是有价值、有偿公开的数据；第三层是不能公开的数据。三层以蓝、黄、红三色区分。红色部分关乎国家安全，绝对不可触及；黄色部分作为有价值的数据，有偿向社会提供服务；蓝色部分是可以免费向社会大众、各行业提供的数据类型。

人们对政府数据会有所误解，很多人认为政府数据公开是要开放所有的政府数据。这个想法是错误的，政府数据公开其实推动的是政务数据公开。所谓政务数据是信用、交通、医疗、卫生、就业、社保、地理、文化、教育、科技、资源、农业、环境、安监、金融、质量、统计、气象、海洋、企业登记监管等重点领域的政府数据。

>>> 企业数据

企业数据资源主要包括企业生产经营中掌握的数据、以数据中介形式采集或聚合的数据。企业数据泛指所有与企业经营相关的信息、资料，包括公司概况、产品信息、经营数据、研究成果等，其中不乏商业机密。

通常所说的企业数据是指狭义的企业数据，一般只包含公司概况介绍，如公司经营范围、联系方式、企业规模等，通常是公开的数据。企业数据的获取渠道分为集中式和分布式。包括 CRM systems 的消费者数据、传统的 ERP 数据、库存数据以及账目数据等。集中式数据一般由统一的政府部门发布，如工商局数据、统计局数据，具有权威性和全面性，但数据内容比较粗略，缺乏精细度。分布式数据是由商业公司透过下属部门通过各种手段分散获取并统一整理的，一般能使数据的精细度和准确度达到一定要求。

商业性企业数据是商业公司负责收集、加工整理并发布的，是作为有价商品进行开发的，所属权归商业公司所有，并由商业公司负责发布销售，其目的是为其他有需求的商业公司提供潜在客户的获取渠道，帮助其他企业开发有效客户，为中小企业提供数据服务。

企业数据的发布形式多种多样，通常是以 Excel 表格形式储存，或者以数据库方式提供，也有以黄页书籍作为载体的。具有实力的数据提供公司也会独立开发客户管理软件，对企业数据进行智能化的管理。作为商业个体之间的一个桥梁，企业数据对于数据登载的企业和数据获取者均有作用。被登载的企业可以扩大企业的知名度、坐等商机、推广产品及品牌、增加潜在商业活动。而直接购买并使用企业数据的企业则可以加强自身商业洞悉能力，直接寻找到潜在客户，加强与其他相关企业的交流与合作，侦悉行业动向，开拓销售渠道。

>>> 个人数据

个人数据与公共数据是一组相对的概念，在当前时代背景下，有必要明确其定义与属性。公共数据是指无"识别性"，即无主体指向的数据资源，比如社会资金流向地图、商品物资流向趋势图等等。而与此相对，个人数据的"识别性"构成了国际公认的个人信息一般特征。具体到我国，2012 年全国人大通过的《关于加强网络信息保护的决定》第一条就明确规定"国家保护能够识别公民个人身份和涉及公民个人隐私的电子信息"。因此，个人数据是指与一个身份已经被识别或者身份可能被识别的自然人相关的任何信息，包括个人姓名、住址、出生日期、身份证号码、医疗记录、人事记录、照片等单独或与其他信息对照可以识别特定的个人的信息。个人数据资源主要包括行为数据、消费数据、地理位置数据、社交数据等。

当前，数据资源正和土地、劳动力、资本等生产要素一样，成为促进全球经济增长和各国社会发展的基本要素。信息化对个人数据的挖掘和利用是一把双刃剑。一方面，信息化技术广泛应用，个人信息的开发和利用对于社会发展的进步意义重大，商业机构可以利用收集到的个人信息为生产营销决策提供帮助；政府部门可以利用掌握的个人信息进行准确的政策决策，提高社会管理效果，预防和惩治犯罪。另一方面，由于个人信息的不当收集、滥用和泄露，会造成数据自主权逐步丧失、隐私更容易遭受侵犯、数据的经济利益不公平分配等问题。因而在法治轨道上开发利用个人信息是市场经济公平公正发展的基石。

"量化"和"追踪"

自我量化（quantified self）指利用计算机、智能手机以及各种新的电子便携感应器来记录自己学习、工作、运动、休息、娱乐、饮食、心情等个体行为，就像我们需要对体重、身高、血压等物理指标进行监控一样。

互联网和物联网无时无刻都可以记录，可以追踪、追溯任何一个记录，形成真实的历史轨迹。追踪是许多大数据应用的起点，包括消费者购买行为、购买偏好、支付手段、搜索和浏览历史、位置信息等等。

追踪（tracking）是一个形成数据的关键要素。追踪我们自己的各种行为，记录每天的事情和思想，这些技术变得越来越便宜。现在已有很多量化的设备可以实现。很多自我量化者认为，为了更好地了解自己、提高自己，我们必须用数据记录、研究和分析自己。其理由在于：人的感觉存在盲点，直觉并不可信任，理性思维也有局限，大脑即使有惊人的记忆力，也未必有惊人的信息加工能力。很多时候，我们会高估自己的理性，低估情绪对我们的影响。认识自己虽然很难，但非常重要。基于数据的记录和分析，可以帮助我们走出错觉、认识真正的自己。就像市面上已有记录血压和睡眠的产品，它可以记录我们的血压和脑电波等。在这个量化的过程中我们发现，任何可以被测量的事物都能被测量和记录，而且这种服务价格越来越被大众接受。我们用这些量化的设备来记录我们所需要的一些数据。[①]

毫无疑问，我们的生活就是一系列数据流，如果我们将出生至去世历程都记录的话，我们就能得到一个很大的数据库。从宏观来看，可能每个人的数据都是很平常的，但是对于个人来说，这个数据却很重要，它记录我们与别人的不同。正如我们从百度上下载的各种数据，我们也可以从量化设备上下载自己身体各方面的数据。如通过相关心跳和睡眠监测设备，我们可得到实时的、独一无二的监测数据。就医学角度而言，如果我们能追踪到每天身体变化的一系列数据，则能得到量身定制的医疗建议或医药处方。

当前已经出现"黑科技"——预防犯罪的照相机，能够对人们在公共场所的行为进行分析，从而识别出人群中的犯罪嫌疑人。它能够实时追踪150个人，来逐步构建出可疑分子的数据库，然后借此来判断出嫌疑犯或者恐怖分子的可能性。以后，戴着墨镜或者帽子、口罩出门的人要小心了，因为这样的装束有可能正在被政府"盯梢"。

任何可以被跟踪的事物都一定会被跟踪，"双向监督"会优化"跟踪"这项科技。我们发现，被跟踪的事物是有价值的。通过手机来跟踪朋友，通过 Facebook 来识别世界上任何一个人。实际上我们正在用各种设备跟踪别人。

我们可以用手机来定位对方在哪里，当一个名人进入大厅时，我们就能发现他，这也是跟踪的一种体现。当然，这个实时跟踪的数据是很可怕的。如果我们不能停止这个科技的发展，那么我们应该思考：如何更好地发展这项科技呢？那就是双向监督。

譬如，邻居知道你什么时候睡觉，什么时候去杂货店。当然你也知道他所做的一切，知道他的生活是什么样的。如果某些人说了一些他的事的时候，你就能知道那人说得是否正确，这也是跟踪的一个好处。所以在这个层面上说，相互监督是有好处的。但是当我们发生信息不对称的时候，比如他知道你的信息，而你却不知道他的信息时，你就会觉得很不舒服。

从相互监督来说，可延伸到另外一个点：我们所面临的"透明和个性化"跟"私有和通用"是相关联的。例如，希望自己被认为是独一无二的，

---

① 凯文·凯利：未来20年，科技发展的12个必然趋势。

不只是大数据中的一个；希望家人和朋友都待自己很好；希望朋友和家人，甚至到警察，都认为自己是一个独特的个体；希望他们能看到自己，这是透明化的一端。

同时也希望大家看不到自己，有自己的私人空间，有自己的选择权。但当有机会选择的时候，通常大多数人选择的是分享这一端，他会上各种社交网络，让别人都知道他的信息，这是人的天性。另一方面，希望大家了解他所做的，待他如一个特别的个体。如果他从这个社交网络上获得了一些好处，满足了心理需求，他就会开心，但是同时他又不希望在这个社交上面失去他自己的隐私，实质上他是将隐私让位于炫耀。

人生即数据

我们活在这个世界，每一年每一天每一分每一秒，无时无刻不在生成数据，数据可谓是我们存活于世的状态和标志。在日常生活中，人们总爱问"什么时间""你在哪里""在干什么"这三个问题，个人数据其实和时间、空间和个人行为是互联的。以个人数据的形式来表征生命的存在——时间即生命，生命即存在，存在即数据。个人数据就是人生命的一部分，手机像变成人体的一个器官，与人体连接在一起，手机内置的摄像头、传感器、麦克风都变成人在网络世界的眼睛、鼻子、嘴巴和耳朵，甚至在感官上比人还要灵敏。

>>> 把时间变成数据

时间是上帝给予我们每个人最公平的财产。俄国生物学家柳比歇夫在他平凡而又伟大的一生中创造出了一种与时间对话的方法，他无时无刻地记录自己的时间，他用简单的日记形式，记载每一天各项工作、生活、娱乐和社交等事务具体花费的时间，仿佛记账一般仔仔细细地写下每一笔开支，然后每月总结，通过列表、分类和计算，仔细分析每一类工作实际所花费的时间，哪些是纯工作时间，哪些是毛时间，摸索自己时间支出的规律性，并根据这种规律挑选时间、规定节律制作下一阶段的工作计划安排。①

他用一本日记记录一切时间花费。除去吃饭、睡觉的标准活动时间，对每天的 12～13 个小时的时间开支流向进行准确记载。日记简洁明了，不流露情绪、不坦白心境，也忽略客观社会背景，只忠实记录个人的生活和工作轨迹。

每天的时间日志总结围绕主体目标（无论是长期目标、阶段性目标还是短期目标）所用的实际工作时间进行统计，即计算为完成工作或实现梦想每日累计的时间支出。而这部分支出是有效的时间支出，是能够对完成计划起推动作用的活动所消耗的时间。

每月进行月度时间日志分类总结，将所有日常活动和每日记载的时间花费按照三大类进行汇总分析，统计每一类工作所用的时间总量，结算上月时间花费并提出下月计划，精准执行下月工作时间计划。

基于月度总结每年进行一次年度总结报告，系统反映一年内有多少时间用于生态学、昆虫学研究，有多少时间用于同人打交道、路途往返、做家务，具体写了多少篇论文、看完多少本书、写了多少封信件，各国文艺作品看了多少页，有多少次娱乐活动，等等。运用大量统计学方法进行计算分类，揭示自己一年的工作成果和生活状况。

柳比歇夫是时间数据化的第一人。他怀着对时间的敬畏之心认真生活、勤奋工作，获得了一个充实而幸福的人生。其实时间数据化的主要意义是"关心自我"，一个人如何真实地认识自己，坦然地面对过去的时间，对于我们有限的生命来讲具有重要的意义，能让我们在最大程度上自省、自律、自我完善。

我们往往感叹时间的可怕，它总在无声无息中逝去。在以日而计的时间里，我们到底将毕生最重要的财富花在了哪里，每一分每一秒的存在是否有意义？我们浑浑噩噩地活着，拼命向前奔跑却始终找寻不到时间的踪迹。柳比歇夫将时间数据化的方法，以它细密的网眼，抓住了变幻无常的、老想溜掉的日常生活，抓住了我们没有察觉到的、损失掉的、不知去向的时间。

---

① 柳比歇夫《奇特的一生》时间统计法总结. https://www.mifengtd.cn/articles/lyubish chev - time - management - summary. html.

>>> 把地点变成数据

有人把中国唐宋著名的诗词大家一生的旅行足迹做了地图，忽然发现了不得了的事情。李白是最"浪"的诗人："人生得意须尽欢，莫使金樽空对月"，他出生在托克马克（唐时碎叶城），虽距长安十万八千里，但从其一生的轨迹中可以看出，李白几乎走遍了大唐所有风景区，还真是什么都不能阻挡一颗浪迹天涯的心。杜甫是最"折腾"的诗人："国破山河在，城春草木深"，相对于"诗仙"李白，这位"诗圣"的日子可谓十分艰苦，他为了躲避战乱，几乎跑遍了唐朝所有"不毛"之地。王维是最"闲"的诗人："人闲桂花落，夜静春山空"，对比以上两位仁兄，号称"诗佛"的王维就惬意多了，他可谓是人生赢家，一辈子几乎没有怎么颠沛流离，最多是独自一人隐居山林，喝几杯泉水，品几首诗，过着惬意生活。韩愈是人生最"圆满"的诗人："最是一年春好处，绝胜烟柳满皇都"，一年最美是春景，但韩愈这一生可比春景舒心。调任、晋升、调任、晋升……他的人生轨迹可谓是不断走向"人生巅峰"的路径。岑参是最豪气冲天的诗人："东去长安万里余，故人何惜一行书"，看其人生轨迹便知，岑参真是霸气外露，他的人生旅途简直就是现实版的"浪迹天涯"，好男儿乐在四方！苏轼是最会享受的词人："竹杖芒鞋轻胜马，谁怕？一蓑烟雨任平生。"苏轼这辈子其实也没闲着，虽然屡遭贬谪，但凭借走到哪吃到哪的乐观精神，苏轼倒过得蛮滋润，过着行走的"舌尖上的中国"的生活。李清照是最"凄苦"的女词人："寻寻觅觅，冷冷清清，凄凄惨惨戚戚。"从她的人生轨迹，便可知她不停地走上南渡的流离之路，途中收藏尽失，加上丈夫离世，真是一路辛酸，一路凄凉。

俗话说："人过留名，雁过留声。"你还记得昨天你去过哪里吗？你还记得一年前的今天你在哪里吗？笔者工作繁忙，几乎工作时间的一半要外出调研、记录和拍照，需要时时刻刻地查询自己的方位，会积极主动地留下自己的方位和轨迹，把地点变成数据是工作的对象和内容，因为所有的信息都离不开空间定位，而个人的定位时时刻刻都在生成数据，离开定位的数据价值会大打折扣。

记录个人位置数据具有重大商业价值。多年以来，三大运营商利用收集和分析个人位置信息来不断优化和提升移动互联网的服务水平。用户位置数据被越来越多的公司所重视，对用户位置信息的采集越来越多地被用在其他方面。比如，一些智能手机应用程序的定位功能时时刻刻在收集用户的位置信息。你也许无法想象的是，常见导航软件对高速公路路况的展示，就是根据手机客户位置信息而整理出来的。每个人的位置信息都蕴藏着巨大的商业价值，无论你走到哪里，周边的商户都希望能够亲近你并向你展示商品信息，而一些巨头网站也会不失时机地向你推送附近的商家信息，目的只有一个，就是让你消费并从中获得利益。

个人位置数据在商业以外的用途也许才是最重要的。2014 年 12 月 31 日上海几十万人涌向黄浦江畔，如果政府能够根据人口热力地图及时做出应对，几十条鲜活的生命也许不会消失。在 2003 年的"非典"时代，对于经过疫区的人员隔离主要凭借个人是否有发烧症状或者是个人的主观能动性，可惜那个时代智能手机尚未问世，否则查找哪些人经过疫区或者和什么人见面在今天看来都是一件非常容易的事情。

>>> 把行为变成数据

个人身份信息真的不是最重要的，每个人的行为数据才是最重要和最有价值的。要了解一个人，最好的方法就是"听其言，观其行"，即通过一个人的行为和谈吐来看出这个人的兴趣和需求。

你把你每天吃了什么、含有多少热量记录下来，对你将来制订减肥计划是非常重要的；你穿着自己心爱的制服和搭配着喜爱的纱巾，对着镜子留下一个情影，也许一天都能够有一个好心情；你从地铁站出来，骑上一辆小黄车，会留下一段段美好的记忆……

很多数据因人的活动而产生。各类仪器设备、传感器、网上交易、电子邮件、视频点击流，以及其他数字化信号源生成了大量的数据。这些数据大多数与个人行为有关，为了与用户生成数据区别，称之为个人行为数据。个人行为数据包括微博、微信等社交媒体数据，出租车轨迹数据、公交车刷卡记录，手机通话记录，个人消费数据等。随着数据的搜集、存储与分析技术的提高，个人行为数据正被广泛应用于解决现代生活中的一些重要问题，如城市交通拥堵、空气质量监测、个人健康分析、用户情绪预测、个性化商品推荐等。

>>> 把语言变成数据

"你还记得十年前的那个晚上你说过永远等我吗？

"哦……我说过吗？"

"对你说过要九点以前回家，你忘了？

"哦……，你说过吗？"

无论是甜言蜜语还是呵斥责怪，无论是你"驷马难追"的豪言壮语还是"脱口而出"的有感而发，如果个人的语言都能够数据化，这个世界将是多么美妙。

语言是人类交际的重要工具，是人们进行沟通交流的一种表达符号，凡有人类的地方就会有语言。人们彼此的交往离不开语言。尽管通过文字、图片、动作、表情等可以传递人们的思想，但是语言是其中最重要的，也是最方便的媒介。语言是文化的一个重要组成部分，甚至可以说没有语言就不可能有文化，只有通过语言才能把文化一代代传下去。因此，把个人语言数据化是非常有价值和有意义的。

众所周知，腾讯公司就是凭借即时通信而成为一家世界级的企业。聊天交流是人类最基本的需求，腾讯创立的 QQ 聊天工具极大地满足了网络用户对网络虚拟生活的需求。进入移动互联网时代，腾讯公司的微信又发明了语音聊天这个即时通信手段，还拓展了包括文字对话、语音通话及视频交流在内的信息交互功能，还包括了文件传输、发送图片的信息共享功能，同时还包括了聊天记录的有效保存，上传下载的信息管理等功能，促成了微信近 10 亿用户和数千亿美元市值的江湖地位。进入人工智能时代，语音转文字、文字变语言、语音导航、在线音乐等大数据传播手段更是层出不穷，极大地丰富了语言大数据系统。

>>> 把身体变成数据

这里讲述一位平凡的美国女性的故事。

她的生平并没有什么过人之处，甚至连名字都没有被公开，我们现在所知道的，仅仅是她在 20 多年前因为心脏病发作而离开了人世，享年 59 岁。不过现在，她的遗体却以一种奇异的方式得以永存，并为世人所知。这具遗体被制成了超过 5000 份精细的切片标本，并经过数字化，变成了目前最为精细的人体解剖 3D 模型。不仅如此，存在于计算机软件中的"她"还成为医学研究中的虚拟受试者。"她"的存在，使更多难以用常规方式进行的实验分析成了可能。当然，这些标本制作和重建的工作属于"可视人计划"（Visible Human Project）的一部分，这位女性"幻影"是世界上细节最为丰富的人体重建模型，在这个"幻影"模型中还包含了各个器官的密度、热导率等参数，这使得她成了虚拟实验绝佳的受试者。[①]

上述故事仅仅是十几年前身体数据化在科研教育领域发挥作用的一个缩影。在当今时代，对身体以及器官、细胞乃至基因的数据化，对于精准医疗和基因工程发挥着重要的作用。

收集和维护个人身体和医疗数据的能力是至关重要的。如果个人从不同渠道收集自己的身体数据或者医疗数据，包括实验室的检测和影像学研究、诊断用药处方、非处方药和补充剂、其他医疗干预措施、基因组学和其他测试、饮食和锻炼记录、家族病史，将为医务工作者提供更多的诊断信息。

我们身体内的海量数据尚未完全被挖掘出来，比如我们每个人的行为、运动、健康以及身体内部的器官、组织、细胞、基因等数据还未完全建立。但随着实时监测技术的发展，有可能产生出超精细化和难以想象的大数据。身体数据系统对生命而言，才是最有价值和意义的。

身体数据才是人生最大的资本，你觉得呢？

>>> 把感受变成数据

自 20 世纪 90 年代以来，虚拟现实（或者说 VR）就以某种形式开始出现。虚拟现实正在形成新一轮互联网进化。现在的互联网是一个信息网络，它包含 60 万亿网页，贮存了 40 万亿亿字节信息，每秒传递数百万封电子邮件，并通过数十万亿亿个晶体管联结在一起。

我们用人工现实建造的是一个由体验构成的互联网，而通过虚拟现实或混合现实装置分享的则是一段体验。当你在自己的起居室里打开一扇魔法窗户时，你感受的是一段体验；你在混合现实电话会议中参与的也是一段体验。在相当大的程度上，所有这些都在技术上使得各种各样的体验得以交汇和分享。然而直到最近，VR 在商业和工业领域才变得可行。近年来，虚拟现实技术正在快速发展，VR 已经渗透到了视频游戏、电影甚至社交媒体，它迅速推动用户进入 3D 世界。VR 全方位记录人的感受，让用户以更自然和直观的方式将自己沉浸在虚拟的环境中。我们可以想象，把感官变成大数据可能带来的相当大的变化。

---

① 一个被切成了 5000 片的神秘女人. http://news2. jschina. com. cn/system/2015/09/30/026485542. shtml.

在进入的每个虚拟世界中，虽然环境都是虚构的，但体验却是真切的。虚拟现实干了两件重要的事：第一，它产生了强劲可信的在场感。虚拟景观、虚拟对象和虚拟角色就在那里——这种感觉不像是一种视觉假象，更像是一种发自内心的直观感受。第二，这些技术强迫你必须在场——以一种扁平屏幕所不具有的方式——这样，你就会获得像现实生活真正地道的体验。当人们回忆起虚拟现实经历时，并不是对他们曾经看见过的事情的记忆，而是发生在他们身上事情的记忆。在 VR 中，我们能获得以下感受：

"沉浸式"感受。在 2D 屏幕，可视化大量数据几乎是不可能完成的任务，但 VR 提供了一种替代方法。如果你能够站在海量数据的中心、走向一个数据点，然后飞向异常值，你觉得怎么样？通过 VR 技术，你真的可以走向你的数据，让你可以以不同的角度查看数据点。很多资源丰富的大公司已经在使用 VR 的沉浸功能来解决复杂问题。几年前，在 VR 最早倡导者之一 Creve Maples 的帮助下，Goodyear 公司利用虚拟现实技术来分析他们为何在比赛中表现不佳的原因。Maples 博士及其团队创建了一个虚拟缓解，在这个环境中，Goodyear 的车辆和轮胎被复制，他们实时放大了轮胎的变化，例如轮胎压力变化。这种沉浸体验让很多重要数据变得更容易识别，Goodyear 很快发现是其轮胎的问题。

"交互式"感受。交互性是理解大数据的关键。毕竟，如果没有动态处理数据的能力，拟真并没有多大意义。几十年以来，我们一直在使用静态数据模型来了解动态数据，但 VR 为我们提供了动态处理数据的能力。通过使用 VR，你可以触摸数据，大数据将成为一种触觉体验，这使得它更容易理解和操纵。

"即时式"感受。当数据以更自然和拟真的方式呈现时，人类更容易理解数据，甚至可提高我们在特定时间内处理的数据量，以及提高数据的发现量。GE 公司表示，VR 有能力以更"同理"的方式组织数据，因为 3D 数据不太可能向用户大脑加载不可理解的事实和数字。

感觉数据化已经是个人大数据的重要组成部分。数据化帮助我们重塑与大数据的关系，并可能增强我们的数据分析能力。VR 让数据变得拟真和交互，此外，它还可增加我们可摄取的信息量，并让我们更好地了解数据。随着可用信息量的扩大和 VR 技术的日益进步，未来 VR 可帮助我们完成感受数据化。

甚至人类最愉悦的性爱感受也可以用 VR 数据化。《连线杂志》（*Wired Magazine*）的联合创始人凯文·凯利预测，不到 5 年时间内，虚拟现实性爱将成为可能，人人都消费得起。凯利称，他已经近距离体验了完全跟真人一样的 3D 复制品。他说："我看到这些家伙采用 3D 捕捉技术。他们使用了 7 个甚至更多的摄像头来记录一个人的方方面面，当他们在虚拟现实移动时，你还可以看到每一根头发。通过 3D 捕捉真人行动真是太棒了，还有 3D 成品也是。当我可以那么近距离地靠近那个人的时候，我感到有点不自在。你就在她们的私人空间里，你真的可以感觉到她们就在那里。"①

手机，如今已经变成了人的一个"器官"，我们每天接触最多的不是亲密的爱人，而是手机。我们都在跟另一个数字世界做交互，终究有一天，我们也会变成数字世界中的一部分。

人性也是大数据

》》 不停寻找归属感

2016 年以来，直播类、真人秀类节目风靡全球。互联网发展到今天，在互联网上的内容大致经历了文字、图片、语音、视频的几个阶段，而直播这个形态的出现更多也是顺应了内容演进的路径。从人性角度看，偷窥和自我表达这两种情绪一直是促进社交平台发展的重要推动力；在直播这个形态中，内容生产者实现表达欲，内容消费者实现了"偷窥"欲。而在彼此的实时互动之中，内容生产者和消费者又产生了一种叫作"归属感"的情绪，使得这样的情感维系更加稳固。还有一点，在直播这个领域中常被人提及的所谓"粗糙"，恰恰更加地满足了人类对于真实的苛求。从网民需求的角度看，"宅"文化、"吐槽"文化、"杀马特"文化等这些亚文化在最近两年蓬勃发展，其根本原因就是网民的在线娱乐需求开始出现分化，且在初期分化的需求远远没有被满足。这一点在直播这个形态下特别明显，在各大直播平台之内除了常见的美女和游戏这两大类之外，其他的比如宠物、科技、汽车，甚

---

① 凯文·凯利. 虚拟现实性爱 5 年内将成可能. http://w. huanqiu. com/r/MV8wXzkw
Nzk0NDRfMTc4M18xNDY2NzQxMzgy.

至是教育类的内容都有非常固定且忠诚的粉丝人群。当然,当今直播平台趋同的还是以"娱乐化"为主,太过严肃的内容还是不太适合。比如,当今最火爆的节目形态是什么?真人秀!为什么当年的超级女声那么吸引人?有两个原因,一是短信投票用户可影响结果,也就是用户能参与其中,并得到反馈;二是用户经历了自己喜欢的选手从黄毛丫头成长为明星的整个过程,也就是游戏里经常说的"养成"。而新兴的在线直播这个形态给了用户更多维度参与的可能性,且实时的反馈也让用户对这样的内容形态欲罢不能,进而完成所谓的正向循环。最后,直播或许在很多人看来无非只是一股很快就会过去的风潮,但对于越来越多的用户而言,直播可能是目前这个阶段最适合让他们寻找"归属感"的一种方式。

前不久某网络平台的涉黄直播引发了数十万人围观,这些内容确实契合了人性深处的对于窥私、性等多种心理的满足。爆料同事、朋友的隐私,吐槽熟人圈的人和事,扒皮和揭秘各种不为人所知的内幕,爆料男女或者男男女女之间的纠葛等等,不管是哪一条,都是让围观的人们津津乐道和交头接耳或兴奋不已的。但是为啥这么刺激的东西最后却被人抛弃了呢?是粉丝素养在提高?显然,并不是。还是那帮用户,还是那帮粉丝,还是那样好奇的心理,围观的也是他们。但为啥他们转移阵地了呢?尽管窥私、八卦、情色等是人性的需求,但这些负能量的东西并不是人的刚性和持续性需求。那什么是刚性需求呢?是能给人带来温暖、力量或者存在感和价值感的东西,是引导人性朝着有建设性的方向发展的东西,亦称正能量。这是人性底层的刚性的永久性的需求。

比如读书节目《罗辑思维》的主讲人罗振宇,不管多少人看不上他,多少人调侃他是二道贩子,但是他确实给很多人带去了其不具备的知识,读书会和线下活动也给一批提高精神需求的群体一定的空间。比如高晓松主持的《晓松奇谈》,他的奇闻说今古、谈笑有鸿儒,在很多大事件和历史人文方面,提供了很多不一样的解读和观点。再如《暴走大事件》的王尼玛,在解读很多热门和社会事件时,绵里藏针,用调侃和娱乐的方式说出了独特的见解。但是目前,国内的直播大都以"娱乐至死"为核心,缺乏有价值的内容,同质化严重,就连拥有大量媒体明星资源的微博的一直播也成了网红的秀场。那些直播啃玉米的、吃青蛙的、扮丑的,无论他们提供了什么样的价值,唯一得到的就是用户们转瞬即逝的好奇心和不屑一顾的鄙视。

归属感存于你的内心深处,源于你自己的感受,只有你自己才可以肯定你的存在感,也只有你自己才可以给予你归属感。归属感来源于你的自信、你的乐观、你的积极向上，源于你对于这个社会、这座城市、这份工作所抱有的希望。

每个人的生命都是这个世界上一道亮丽的风景线，人类在寻找归属感的道路上没有止境！

>>> 害怕被世界遗忘

我们每个人都害怕被这个世界遗忘，总是害怕错过这个世界的信息。害怕失去是我们每个人最大的恐惧。心理学家 Daniel Kahneman 做过这么一个实验：他召集了一群人，这些人中，有的发了一个杯子，有的发了一包巧克力，有的什么也没有。然后，这些人被要求在两种方案中做选择：有杯子或巧克力的，可以选择互换；什么都没有的人，可以选择要杯子或要巧克力。结果是，什么都没有的人，有大概一半的人选择了杯子；而发了杯子的人，86%没有选择换成巧克力，依然保留了杯子——从概率上来说，最后应该是约50%的人拿着杯子。"厌恶损失"让人们不愿意失去已经拥有的杯子。①

如今，早上醒来你的第一件事或许就是拿起手机去浏览全球的信息，或是了解某个明星的最新动向。明星们当然希望更多人去关注他们，因为吸引大众的眼球，拼命地讨好这个世界，就是他们的本职工作。可是你我呢？某个明星出轨了，赶到一堆相关或不相关的人的微博下面留言唾骂；两个打车软件起纷争了，赶紧纷纷站队扬言抵制卸载；某个打着正义、健康旗号的信息开始接力传播了，你连内容都没来得及看清楚就忙不迭地跑去庄严宣誓"我是第×个转发者。"喜欢扎堆、从众、热闹，从心理学的角度来说，是内心缺乏安全感，所以无法忍受缺席每一次可能向别人展示自己的机会。哪怕是从众了、媚俗了，事后发现跟错队伍了，但此时此刻没有被大部队甩在身后，心里就踏实了。看着前面带路人手中高举着的小旗子，挤在乌泱乌泱的人群中，你擦一把脑门的汗，无论如何也是松了一口气呢！这就是害怕被世界遗忘的典型综合征，总想在某个地方留下你的痕迹！

---

① 如果你连 10 大心理学原则都不懂，那真的没资格谈营销. http://www.sohu.com/a/135084277_467328.

延伸阅读：大数据时代人们的焦虑

负面新闻焦虑症

　　信息爆炸时代，我们为何越来越焦虑？我们是如何患上"负面新闻焦虑症"的？① 德国社会学家贝克在《风险社会》中提出，在后工业化时代，人类正步入"风险社会"。随着人类知识的增长、科技的进步以及工业发展模式的现代化，人们在享受现代化成果的同时，也将面临其产生的种种风险。与传统地震、洪涝干旱、饥荒等自然风险不同，现代风险是"人造风险"或"文明的风险"，它是由人类发展特别是科技进步造成的。就好比因为科技进步了，所以有了地沟油、三聚氰胺；因为城市的扩张与发展，所以人工渣土在城市中堆积、危险化工物品在港口储存；因为工业的急剧发展和人们对物质生活要求的提高，大量的燃煤燃油带来了严重的雾霾。贝克还提出，风险社会的突出特征有两个：一是具有不断扩散的人为不确定性逻辑。这意味着，风险的种类越来越多，风险发生的不确定性越来越强。就像贝克自己描述的那样，原本无害的东西突然间怎么就有危险了，如酒、茶、面条等。过去一度被大肆夸赞的财富来源（核子、化学、基因科技等）怎么一变就成为不可见的危险来源了呢？二是导致了现有社会结构、制度以及关系向更加复杂、偶然和分裂状态转变。用一个词汇来形容，就是沙堆效应。当社会足够复杂，各种因素的相互作用日益紧密，任何一个环节上的变量，都有可能是导致结构性失衡的因素。

　　当下中国，风险社会的种种特征同样有所体现。古今中外，似乎没有哪一代像当今中国这样，在短短数十年间横跨农业社会、工业社会、信息社会等反差巨大的数个社会形态，浓缩了西方国家几百年的现代化历程。转型期的中国比发达国家面临着更加多元复杂的风险。有人贴切地形容，当下的中国，虽然我们收获了举世瞩目的文明成功，但传统风险和现代风险也总是如

---

　　① 微信时代的"焦虑症". http://www.fx361.com/page/2017/0918/2277783.shtml.

影随形。从天灾人祸，到百姓衣食住行方面的饮食安全、空气安全、出行安全，乃至于公民个体的财产安全、权利安全等，我们都面临着不小的挑战。与风险社会相关的是一个专业词汇"风险敏感度"。所谓风险敏感度就是对风险的感知能力。很显然，即便身处风险社会，但如果一个人足不出户、从不接受来自外部的信息，他能够感知到的风险为零。反之，如果一个人成天接触的都是关于风险的新闻，即便他的环境是安全的，他的风险敏感度也会不断增强，甚至可能产生这样的错觉：不幸随时都将发生，那么他的焦虑感和不安感自然就尤为强烈。比如每次发生电梯事故，舆论可能都会铺天盖地报道，这难免给人一种感觉：电梯很不安全。但事实上，从数据上看，电梯应该是所有的"交通工具"里最安全的工具之一。

很多人虽然常看新闻，但并不一定理解新闻的特征。有些新闻事件是反常的，就像那句耳熟能详的谚语说的，狗咬人不是新闻，人咬狗才是新闻。每天无数人平平安安上下电梯，平平安安开车回家，但这些不会成为新闻，因为它们是常态；相反，那些小概率的、异常的情形才会成为新闻。但由于缺乏对新闻规律的认知，许多人可能把异常当平常，把风险当日常，他们的风险敏感度也会由此加剧。

而进入自媒体时代，诸多负面新闻更轻易地曝露在民众的视野中。在自媒体时代之前，许多人——尤其是老一辈，他们接收信息的渠道非常有限：电视、广播和报纸，并且因为传统媒体的议程设置，对于种种负面新闻有相对客观的报道和正面引导，老百姓普遍的感觉是：社会还是很安全的，形势还是一片大好的。但进入手机互联网时代，尤其是自媒体时代，这是一个信息爆炸的时代，除了传统媒体以外，成千上万的自媒体涌现，人们接触到的信息更多、更广、更杂，但事实上，也更为同质化。迎合人性劣根性或弱点的信息，往往能够获得更高的关注度和更多的点击量。"不看就没了""震惊了""出事了""教你几招""删前速看"等标题横扫朋友圈，而统计数据显示，各种负面新闻和谣言往往获得最广泛的传播，这是人的猎奇性使然。当人们密集接触到这类信息，他们的风险敏感度也会随之升高。

有部电影叫《卢旺达饭店》，讲述的是1994年的卢旺达大屠杀，100天时间里，100万人惨遭屠杀，但世界默不作声。就像电影中一名西方记者所说："我把这些画面送到全世界，他们会叫道'Oh my God, it's horrible!'然后他们将继续吃晚饭。"其实，在我们所处的这个看似和平的世界里，在我们看见或看不见的地方还有太多灾难在发生，比如难民潮、叙利亚冲突等。然而，对于这些可怕的灾难，身处和平环境的我们，其实有点像西方记者所说，叫一声"好可怕啊"，然后继续吃晚饭，很多人并没有因此感到威胁或不安全。相反，如果你是一名母亲，看到小孩在小区走失的新闻，你轻易就感到焦虑，可能还会提醒家人，以后带小孩散步一定要看好；如果你无辣不欢，看到吃辣容易得肠胃癌的假新闻，一旦信以为真，你可能就会后悔自己以前没有管住嘴……发生在远方的真实死亡我们可能漠不关心，但在身边看上去更遥远的不幸我们却能感同身受。这虽然听起来有些冷漠，但又是人之常情。人们对于不同风险的焦虑程度是不一样的，灾难离我们越遥远，我们越无感；灾难越切己，我们越恐慌。

美国社会心理学家 G.W. 奥尔波特和 L. 波斯特曼于 1947 年在《谣言心理学》中提出了一个著名的谣言传播公式：R（rumor）＝I（importance）× A（ambiguity），即谣言流通量＝问题严重性×证据暧昧性。套用这个公式，人们的焦虑感＝问题重要性×切己性。问题越重要——比如关系个人或家人生命财产安全，越切己——自己与当事人越相近、越相像，人们由此产生的不安全感会越强烈。因此，很多人焦虑，并非是不明白电梯发生严重事故的概率很低，而是因为他们知道，一旦风险落到自己亲人头上，那就是 100% 的不幸，因此纵然是 3.3% 的概率，也是不可容忍的。从这个角度看，我们又需对人们的"负面新闻焦虑症"抱以"理解之同情"。

谁来消除我们的"负面新闻焦虑症"呢？这一方面需要政府为我们提供更可靠的公共服务和公共产品，比如更清新的空气、更安全的食品、更有效的监管、更健全的社会保障。另一方面，这也离不开每一个个体"信息素养"的提升。何为信息素养？这一概念是美国信息产业协会主席保罗·泽考斯基于 1974 年在美国提出的，简单的定义来自 1989 年美国图书馆学会。信息素养包括能够判断什么时候需要信息，并且懂得如何去获取信息，如何去评价和有效利用所需的信息。在《真相：信息超载时代如何知道该相信什么》一书中，比尔·科瓦奇和汤姆·罗森斯蒂尔提出另一个说法——新闻素养，即"如何'阅读'新闻报道的技能，即怀疑的认知方法"。综合地说，信息素养就是辨别和获取信息的能力。前文提到，虽然我们置身于一个风险社会，但这并不意味着风险随时随地都在发生，就好比电梯事故，固然其存在安全隐患，但事故发生概率极低。这并非是要大家放松警惕，而是希望减轻每个人的风险敏感度。因为很多焦虑的产生，源于我们把少数当普遍，把偶然当必然，自己吓自己。还有一种情况是，我们被许多新闻吓得不轻，并认为自己生活的世界"步步惊心"，可实际上，这些所谓的"新闻"是虚假的，是胡编乱造的，比如朋友圈上的各种耸人听闻的谣言与养生文章。自然地，建诸于这些假新闻基础上的焦虑完全是杞人忧天，不仅没有任何意义，甚至还可能严重影响我们的正常生活。这就足见提升个人信息素养的重要性。置身于信息网络，每个人既是信息的传递者，也是接收者，提升个体的信息素养，本质上就在于扮演好这两个角色。作为信息传递者，我们应该明白公共空间的"公共责任"，切记"有表达就有责任，有自由就有担当，有言论就有边界"，多一些自律，不随便传播任何没有经过证实的信息，不传播谣言，不扩大恐慌。而作为信息的接收者，我们应提升个体辨别信息的能力，看到新闻时不妨像比尔·科瓦奇和汤姆·罗森斯蒂尔所说的，先自问这六点：①我碰到的是什么新闻内容？②我得到的信息是完整的吗？假如不完整，缺少了什么？③信息源是谁/什么？④我为什么要相信他们？提供了什么证据？是怎样检验或核实的？⑤其他可能性解释或理解是什么？⑥我有必要知道这些信息吗？如此，我们才能不被各种假新闻和标题党牵着鼻子走，才不会轻易坠入营销号的圈套，不会因为不必要的焦虑而影响了生活的幸福感。

被绑架的"社交焦虑"

微信，一个小小的手机APP，改变了无数人的社交模式，甚至生活模式，令不少人感到某种"社交焦虑"。当微信于2011年面世时，不少人还认为，它只是一个移动版的QQ而已。但当公众号、朋友圈、微信群等功能逐渐绑定到这个小小的APP上时，大家才发现：没有微信活不了了。不少"微信控"们戏称："一个小时不看微信，感觉像错过了几个亿。"①

大数据显示，微信的社交功能正在弱化，工作交流已占据微信社交功能的大头，越来越多的小伙伴们患上了令人抓狂的微信焦虑症。那么，遇到这种情况，我们该怎么办？原本，玩微信是一种时尚便捷的生活方式，因为它不但能随时随地和朋友们聊天，又能关注自己需要的资讯。然而，短短几年时间，微信却迅雷不及掩耳地占据了我们的生活圈，让更多小伙伴成了"微信控"。它不仅改变了我们的生活，并且成为我们生活中必不可少的一部分。前段时间，企鹅智酷发布了《2017微信用户生态研究报告》，报告用调研的方式发现了微信用户的重大改变：职业社交已经成为微信社交的重要一环，八成以上用户在微信上有工作相关行为，其中主要以工作对接、安排以及通

---

① 微信朋友圈还有多少朋友 越来越不爱发朋友圈的原因. http://www.qqyewu.com/article/ 3/2017/20170426112040. html.

知为主。

曼丽在杭州一家企业做设计，劳累一天吃过晚饭后，她洗好水果刚拿出iPAD，正准备享受属于自己的悠闲时光。突然，微信工作群里蹦出大BOSS发布的一条信息："后天总部要对我们企业考察，明天上午要开会讨论汇报内容，请大家理理年初以来手头的主要工作，不得有误！"看到这条消息，曼丽只能无奈地收起iPAD，然后焦虑地打开电脑加班。曼丽的例子并非个案。事实上，考虑到工作沟通的方便，一些单位纷纷建立微信"工作群"，就连小餐馆的老板也会建个工作群，职场人士更是无人幸免。根据企鹅智酷的调研，微信用户还在疯狂地把工作中认识的朋友添加到微信通讯录中，57.22%的受访者表示新增的微信好友来自泛工作关系，而管理人士中，这个比例上升至74.3%。

"世界上最遥远的距离不是天涯海角，而是我在你身边，你的眼里却只有手机。"没错，眼下，很多人习惯性地摸出手机时，不是为了打电话，而是为了看微信。就如同某互联网大佬M所说："晚上醒过来摸的不是老婆，是手机。"微信方便了我们的工作和职场交流，同时，微信也"绑架"了我们的业余生活，每天被大量的信息刷屏，甚至下班、周末和节假日也不例外，工作要求不分时间、地点随时跑到手机上，用微信开会、布置任务、发工作进度或讨论工作话题，导致员工工作和生活边界模糊，每天处于隐形加班状态。尤其是碰上一些"工作狂"老板，随时还要对工作信息给予回应，简直让人抓狂。总之，信息越发达，人们就会越焦虑，这些焦虑来源于对未来不确定性的过度担忧，因此远离微信焦虑症的最有效方式，就是过滤或减少信息，保持内心的安定。

技术带来了进步，也带来副作用，微信这个小小的手机APP也一样。它改变了无数人的社交模式，甚至生活模式，也令不少人感到某种"社交焦虑"。这显然违背了设计本意。可见，正确地使用微信，不仅是健康生活方式的需要，更是迎接智能时代的需要，因为它是一个工具，而你才是它的主人。

现象一：发朋友圈后没留言，感觉特闹心

在某事业单位工作的陈女士说，每次她在朋友圈里发了图片或者消息，就要捧着手机不停地刷新，看看有没有人留言或点赞，一有留言立即回复，每次发的消息下面挂着一长排对话才感觉心满意足。在生活中，有不少人和陈女士一样，特别关心自己朋友圈的消息下面是否有人关注或回复。有些人还会定期"清理"自己的朋友圈消息，把一些不满意的照片、评论、消息等

删掉。

　　对朋友圈的互动特别关注的人，往往希望自己在别人心里是重要的，希望能够获得众人的关注。其实这是一种基本的心理需求，但过分关注手机中的互动，可能代表着此人在现实中得到的关注不够。还有一些人发出某些消息，是希望特定的几个人或某个人看到并回应，这也表明发消息者心里很看重这些人，而在现实中渴望关爱、关注的愿望没有获得充分满足。

现象二：发出的语音信息总要再听一遍

　　"我每次发出去的语音消息，都忍不住要重听一次，甚至重听好几遍。这是不自信的表现吗？" 29 岁的白领小曹发现这个问题后，询问过周围的几个朋友，发现不少人也有重听的习惯，主要是为了确认自己说得清不清楚，有没有什么错误。有些人则表示听自己的声音感觉挺好，有自我欣赏的成分在其中。

　　大部分人是否重听语音消息，往往与说话的对象有关。对于比较重视的人，或者所说的内容比较重要时，会重听消息，确认内容正确与否、自己说得好不好，这是比较正常的情况。

　　如果每一条都重听，则说明存在轻微的焦虑，有不安全感，在人际关系中很害怕自己出错或表现不佳，比较在乎外界对自己的评价。同时，听自己的声音可能还有一种自我心灵对话的效果，类似于自言自语，能够起到一定的增强安全感、缓解心理压力的作用。因此，这类人可以适当增强自信，对外在评价不要过于敏感。

现象三：群聊的时候害怕做话题 "终结者"

　　一位 22 岁的大学生琳琳提到一个现象："每次群聊时，大家本来讨论得挺热闹，我一说话，就突然没人接茬了，特别尴尬。有时候遇到这种情况，我就会很焦虑，不停地看手机，或者绞尽脑汁提出点新的话题让大家来接，很怕自己变成群聊的'终结者'。"

　　在一个热闹的场景中，忽然一个人说完后就没人再说了，面对这种沉默，哪怕只有短短的几秒钟，都会令人产生尴尬。这种沉默时的尴尬属于正常的心理现象，不必对此过分焦虑。另外，沉默的原因有很多种，可能某句话很深刻、很有分量，引起参与者的思考，或者说话者本身比较重要，说话的内容属于压轴性的总结，都可能使群聊出现沉默。另外，虚拟的群聊中还很可能出现巧合，刚好你说完话后大家都有事情忙去了，没顾得上回话。这些情况，"终结者"都不要太过在意。

"一段对话总有结束的时候，尤其是参与者比较多的群聊，每个人都以为别人会接话，反而容易造成无人接话的情景。当对话结束时，自己不要过分担心是不是说错了话，甚至因此产生焦虑。正常看待沉默即可。"吴枫说。

现象四：一会儿不看微信，感觉错过了上亿信息

微信加了几十个群，通讯录名单几百人，每天要花数小时看完每一条朋友圈消息，生怕错过哪条有用的信息……当下，不少手机控、微信控有这样的习惯，甚至有人戏称"一个小时不看微信，感觉像错过了几个亿"。但42岁的企业主管白女士表达了一部分人的观点："每天花很多时间刷微信，感觉学了不少东西，可一天下来回想起来，又没记住几条真正有用的。"花费了大量时间精力，得到的却都是"碎片化信息"，不少人因此产生焦虑。

从现实角度来说，花越多的时间看朋友圈，说明在现实生活中做事情的时间就越少，与家人、同事真正面对面交流的时间也会大幅度减少。"我注意到，有一些基本不刷朋友圈的人，他们往往在生活中有某些着迷的兴趣爱好，为此投入了较多精力，刷朋友圈的时间就会相应减少。"社交软件为人们提供了非常便捷的交流平台，人们不见面就能沟通。但与此同时，社交软件这么火爆，恰恰说明整个社会人群的心理需求满足不够，人们太过于忙着赚钱、忙着生活，但内心渴望交流、渴望受关注等情感需求没有获得充分满足。

过分依赖手机的"低头族"，一方面浪费了大量的时间和精力在手机上，另一方面又面临着颈椎病、腱鞘炎、干眼症等疾病困扰。如何摆脱手机依赖症，心理专家给出了一些操作性较强的方法：

（1）定好闹钟，准时睡觉。很多手机控都是"夜猫子"，喜欢晚上躲在被窝里看手机直到后半夜才睡，一天不看手机就睡不着。但如果从现在开始，定好一个睡觉的时间，闹钟一响准时关掉手机，最好睡前半小时就不再看手机，这样坚持几周，你会发现自己的睡眠质量、精神状态等都大有改善。

（2）拿起实体书。实体书是代替手机的最佳选择之一，它不但可以让人切实地增长知识，修身养性，还能有效转移人们对手机的注意力。可以按照自己的阅读能力，规定好自己每月要读几本书，按照计划完成，从而将手机占用掉的时间"抢"回来。

（3）培养一项体育爱好。运动对于改变人的性格和解决人的心理障碍有着很大的作用，减压效果要好于刷手机。出门慢跑、散步、打球或在家做操、做瑜伽均可。

三、从"资源"到"资产"
如何理解数据资产和产权？

■大数据时代，数据资产化的经济利益越来越巨大，"数据即资产"已成为最核心的发展趋势。从国内外的数据财产理论和发展实践来看，应当赋予用户数据财产权才能调动起数据创造者的积极性和主观能动性，这样才能建立起数据驱动经济社会的良性运转机制和数字时代的发展基石。

广东省计算技术应用研究所咨询部部长雷唯先生曾呼唤"数权法"。他认为，数据已经成为不同于土地、能源等传统资源的一种新型重要资源，而且其价值也越来越巨大，与此同时，数据权利保护相关法律法规的制定却相对滞后。

中国新电信集团副总裁王海定先生认为，大数据现在的应用还是以企业和政府为主，实际上最原始数据来源于个人用户，个人用户是未来数据的拥有者和最大消费者，所有关于数据的商业行为一定会与个人用户收益匹配。

数据和土地一样，应具有所有权、使用权和开发权三种权利属性。数据所有权归数据创造者拥有，数据使用权是个人为了获取部分服务而让渡给服务提供者的权益，数据开发权是一种与数据使用权相分离的个人主张的财产权，类比数据使用权是基于数据一次性的占有和处分，数据开发权是基于数据的再次或者多次的开发而产生的权利。我们主张建立数据开发收益部分返还给用户的基本原则，这才是解决诸多网络开发利用乱象的钥匙。

数据经济

大数据时代出现之后，在科学技术的推动下，数据经济突飞猛进，大数据已不仅仅是一种应用工具，而是撬动经济增长的"生产力"，催生了体量巨大的新兴产业。据易观国际统计，2015 年，我国大数据市场规模达 102 亿元，2017 年增至 170 亿元。有研究报告称，十年后大数据产业可撬动万亿元级的 GDP 发展。业者通过新的数据技术可以收集大量有价值的数据，产生利用这些数据的强烈的利益驱动力。因此大数据被演化成为创造巨大价值的新型资源和方法，数据不断发展为新型资产，同时也越来越被市场赋予巨大的商业价值。在这种情况下，数据的应用效应激增，数据的商业价值得到激发，大数据概念和数据经济活动进入兴盛时期。国际商业机器公司（IBM）的研究称，整个人类文明所获得的全部数据中，有 90% 是过去两年内产生的。根据国际数据公司（IDC）《数字宇宙报告》，到 2020 年人类拥有的数据量以 ZB（1 ZB = 1 048 576 PB，1 PB = 1 024 TB）计量。预计，随着物联网（IoT）应用的普及和在线化，人类将迎来"数据核爆"。

大数据信息成为新经济的智能引擎，各行各业包括零售、医疗卫生、保险、交通、金融服务等，都在完成所谓的数据经济化，它们通过各类数据平台进行智能开发，使得生产、经营和管理越来越高度智能化，给新经济带来极大的成本降低和效率提升。硅谷战略领袖杰弗里·莫尔甚至认为，今天资产信息比资产本身更值钱，他说，"在这个世界中，信息为王。你拥有的信息越多，你的分析能力越强、速度越快，你的投资回报将会更高。"即使如此，数据经济的威力也只是刚刚发挥，可谓十不及一，其巨大潜力尚不可限量。大数据除了自身就是一个巨大的产业之外，专家认为，其还可以在三个方面发挥作用：为创新创业提供新机遇，为欠发达地区创造赶超契机，助力社会治理能力的提高。一言以蔽之，数据经济正拓展至生产和生活的每一个角落，数据经济将重塑世界经济，大数据对社会经济发展的意义十分重大。

近年来中国大数据产业不断向纵深发展，大数据孕育了诸多新兴业态，激发了不同行业的活力，大数据产业可撬动万亿元级的 GDP 发展。目前，大数据推动下发展势头强劲的当属三大领域：人工智能、大数据交易、智慧城市建设。大数据由于能够与丰富的应用场景广泛结合，成为数据经济发展的重要技术基础。

2008 年 IBM 提出的"智慧地球"理念，引发了中国智慧城市建设的热潮。大数据带动的智慧城市市场涵盖交通、旅游、医疗、教育等领域。在交通方面，打车软件使用量、使用频率远远超过此前出租车预约服务平台，其运作原理就是供需大数据的优化分配。在旅游景区管理方面，全国多个景点已经采用了电信运营商数据监控人流分布，避免人流密集导致的危险事件。前瞻产业研究院估计，"十三五"期间，在移动互联网发展、大数据产业支持的情况下，智慧城市市场规模有望达 4 万亿元。

如今，大数据不仅是经济"富矿"，更是战略资源。国务院 2016 年印发的《促进大数据发展行动纲要》明确指出，数据已成为国家基础性战略资源。"十三五"规划纲要更是利用一章的篇幅专门阐述了实施国家大数据战略的思路。我们应从战略高度理解大数据对于经济增长的意义。

首先，大数据为创业创新提供了机遇。据业内估算，全国的大数据公司已超过了 500 家，分布在北京的最多，贵阳、武汉等推动大数据产业的城市也是创业重镇。根据大数据研究机构"数据猿"统计，2016 年上半年，全球大数据行业共计发生 157 起投融资事件，中国发生了 97 起，超过总量的一半。大数据创业之所以火热，一方面是由于技术条件成熟，另一方面是在经济转型升级的情况下，企业增长压力陡升，希望借助数据精准营销、高效生产。人工智能概念冷寂多年，近年来异军突起，是由于移动互联网的发展产生了大量数据，为人工智能发展的算法训练提供了条件。目前，各类数据尚未充分融合，因此诞生了大数据交易的业态以满足这一市场需求。北京、贵州、武汉、西安等地相继建立了大数据交易平台，目前规模较大的是北京和贵阳的交易平台。

其次，大数据为欠发达地区创造了赶超契机。以贵州为例，经济并不发达，却是首个获批建设国家级大数据综合试验区的地区。2016 年贵州省政府工作报告明确提出"把大数据作为全省'弯道取直'、后发赶超的战略引擎"。贵州省政府提供的数据显示，2016 年初贵州省共有大数据电子信息产业企业 1 849 家，2016 年上半年新增 664 家，同比增长 60.92%；2016 年上半年，大数据核心业态、关联业态、衍生业态共实现产值 868.89 亿元。河北张家口也大力支持大数据产业，打造了京北云谷大数据管理基地、张北云联数据中心等大数据基地。

第三，大数据助力政府治理能力的提高，客观上为经济增长减少了阻力、提供了"润滑剂"。如天津建成运用大数据的智慧型"审计监督一张网"管理系统，实现对财政资金和公共资金等的实时监督；咸阳市政府和亚信数据公司合作，建立了识别诈骗获取医保行为的模型，2015 年为咸阳节省了 3 000万元的财政开支。

数据资产

维克托·迈尔·舍恩伯格在《大数据时代》中曾经提到："虽然数据还没有被列入企业的资产负债表，但这只是一个时间问题。"

》》数据资产定义及属性

什么样的数据能够成为资产，或者说什么样的数据有资格成为资产？首先我们来了解一下什么是财务意义上的资产。资产是指由企业过去经营交易或各项事项形成的，由企业拥有或控制的，预期会给企业带来经济利益的资源。

类比资产的定义，数据资产是企业或组织拥有或控制的，能带来未来经济利益的数据资源。其中包含几个含义：①数据资产可以给公司和组织直接或间接带来资金、现金、等价物等，也可以是某种可能性，体现在公司和组织经营的各个方面；②数据资产可以是物理形式的，例如书本、备忘录、档案、表格、照片、记录，也可以是电子形式的，如数据库、日志、各种电子表格、录音录像、程序等；③公司和组织可以自行产生数据资源，也可以从外部和市场购买和合作使用各种数据；④带来经济利益的表现可以是货币形式，也可以不是，但随着数据资产交易量的扩张和在国民经济中地位的增强，货币计量将是需要的，会计准则中公司和组织的资产负债表也将会明确要求将数据资产或者大数据资产纳入。因此，并不是所有的数据都是资产，只有可控制、可计量、可变现的数据才可能成为资产。

1. 可控制

从来源和控制力度来分，数据可以分为两类：一是生产型数据，例如搜索引擎公司对使用其搜索引擎的用户执行各种行为信息收集、整理和分析。这类数据来源于用户，但控制权和使用权却在企业手中，企业可以自由地、最大限度地发挥其商业价值。二是加工型数据，是对于原始生产型数据的再加工与提炼，如金融机构依靠网络爬虫工具、黑客手段、嵌入式渠道入口等获取经过自身加工的数据。此类数据中，数据的使用权经过合法授权的是金融机构可控制的数据资产，如果并不能对数据拥有合法的控制权和使用权，则该类数据并不属于合法的数据资产。

2. 可计量

数据要成为资产，必须能够用货币进行可靠的计量。尽管目前大多数企业已经意识到了数据作为资产的可能性，但除了极少数专门以数据交易为主营业务的公司外，其余企业尚无法准确地量化数据资产，无论是现有的会计分类和科目的设置、资产披露形式、使用寿命与摊销方法等均缺乏合理的设计。

虽然数据尚无法作为资产在企业财务中得到真正的应用，但将数据列入无形资产的收益则势在必行。例如，很多高科技企业都具有较长的投入产出期，如能将其通过交易手段狩得的数据按实际支付价款作为入账价值计入无形资产，则能为企业形成有效税盾，降低企业实际税负。

3. 可变现

资本区别于一般产品的特征在于其不断增值的可能性。因此，如果数据不能为企业带来经济利益，便不能称为资产。只有能够转化数字并实现增值的企业，其数据才能称为"数据资产"。其中，实现数据资产的可变现属性，体现数据价值的过程，即称为"数据资产化"。

以数据资产为核心的商业模式主要有租售数据模式、租售信息模式、数字媒体模式、数据使能模式、数据空间运营模式和大数据技术模式等六种。租售数据模式，主要是出售或出租原始数据；租售信息模式，是出售或者出租经过整合、提炼、萃取的信息；数字媒体模式，主要是通过数字媒体运营商进行精准营销；数据使能模式，其代表性企业如阿里巴巴，其通过提供大量的金融数据挖掘及分析服务，协助其他行业开展因缺乏数据而难以涉足的新业务，如消费信贷、企业小额贷款业务等；数据空间运营模式，主要是出租数据存储空间；大数据技术模式，是针对某类大数据提供专有技术。

同时数据资产的共享性也使得数据的应用领域和价值成倍扩大。所以，怎样识别数据资产、利用现有的数据资产创造价值，将是金融机构不得不面临的一个课题。

》》》 个人数据资产和企业数据资产

对于个人，平时我们拍的照片、视频，编辑的文档等这些以文件为载体的各种数据，都属于我们的个人数据资产。对于企业而言，设计图纸、合同订单以及任何涉及使用文件作为载体的各类业务数据，都属于企业的数据资产。但值得注意的是，企业的数据资产包含了纸质文件和电子文件，因此企业需要将纸质文件电子化存储后，与原生电子文件融合，才能真正地形成数据资产。

1. 个人数据资产

当前，移动互联网的深度普及为大数据应用提供了丰富的数据源，照片、文档等以文件为载体的各种数据，这些看似不相干的个人行为信息，经过大数据公司的云处理分析，却互相关联，极具社会价值和商业价值。比如，登录各种吃喝玩乐软件的账号，需要手机认证甚至实名认证，原来分散的信息就这么被串联了起来；再比如，打车软件的行车记录，结合时间就能精确定位出你的家、单位、常去地点。这些数据对于商家来说，无异于金矿，它可让商家快速精准地找到自己的目标用户，把产品或服务推销出去。

在电商领域中，用户行为信息量之大令人咂舌，据专注于电商行业用户行为分析的公司的不完全统计，一个用户在选择一个产品之前，平均要浏览5个网站、36个页面，在社会化媒体和搜索引擎上的交互行为也多达数十次。如果把所有可以采集的数据整合并进行衍生，一个用户的购买可能会受数千个行为维度的影响。对于一个一天页面浏览量（PV）近百万的中型电商，这代表着一天近 1 TB 的活跃数据。而放到整个中国电商的角度来看，更意味着每天高达数千 TB 的活跃数据。

正是这些购买前的行为信息，可以深度地反映出潜在客户的购买心理和购买意向。例如，客户 A 连续浏览了 5 款电视机，其中 4 款来自国内品牌 S，1 款来自国外品牌 T；4 款为 LED 技术，1 款为 LCD 技术；5 款的价格分别为4 599 元、5 199 元、5 499 元、5 999 元、7 999 元；这些行为某种程度上反映了客户 A 对品牌的认可度及倾向性，如偏向国产品牌、中等价位的 LED 电视。而客户 B 连续浏览了 6 款电视机，其中 2 款是国外品牌 T，2 款是另一国外品牌 V，2 款是国产品牌 S；4 款为 LED 技术，2 款为 LCD 技术；6 款的价格分别为 5 999 元、7 999 元、8 300 元、9 200 元、9 999 元、11 050 元；类似地，这些行为某种程度上反映了客户 B 对品牌的认可度及倾向性，如偏向进口品牌、高价位的 LED 电视等。

2013 年，美国白宫组织评估小组进行为期 90 天的调查，调查个人行为数据如何改变人们生活和工作的方式，以及政府和公民、企业家和消费者之间的关系。调查报告的一个重大发现是，个人行为数据在住房、信贷、就业、健康、教育及市场等领域将会创造更多机会。

都说现在是大数据时代，那么大数据最核心的价值是什么呢？其实大数据的核心价值很简单，对于个人而言，就是要把个人的每个行为都记录下来，变成自己的数据资产。

2. 企业数据资产

近 10 年来全球五大企业排序发生了一场剧变，10 年前最有钱企业前 5 名为埃克森美孚、通用电气、微软、花旗、美国银行，一家石油企业、一家制造企业、一家软件企业、两家银行；而今天最有钱的企业依次是苹果、谷歌、微软、亚马逊、脸书。短短 10 年，互联网企业成为最有钱企业，过去那些石油、制造业和金融行业的价值在快速地相应衰退。① 这说明了什么？

数据作为一种越来越重要的生产要素，将成为比土地、资本、劳动力等更为核心的要素，数据资产成为企业核心竞争力。

企业数据资产涵盖范围：经营管理方面，如企业战略及预算管理数据、财务数据、人力资本数据、资产数据、内控及风险数据、管理流程及运作数据等，这个方面的数据量一般不会很大，但是是企业的核心数据；生产运营方面，如企业生产及供应链数据、项目管理数据、设备运行及工况数据、交易或计费系统数据、产品运行及采集数据、市场营销数据，这类数据是结合企业的实际运营的，可大可小；客户触点方面，如客户基本信息数据、客户行为数据、客户营销响应数据等，这类数据有很大的价值；企业外部方面，如竞争企业数据、企业品牌及舆情数据、宏观经济及行业趋势数据、地理信息数据等。

随着大数据时代的悄然来临，数据的价值得到人们的广泛认同，对数据的重视提到了前所未有的高度。数据已经作为企业重要资产被广泛应用于盈

---

① 杨冰之. 大数据时代，企业数据资产管理之道. http：//www.sohu.com/a/138082347_283001.

利分析与预测、客户关系管理、合规性监管、运营风险管理等业务当中。但是要想将企业数据资源转化为企业数据资产，企业还需要解决以下几个关键问题：哪些数据对业务有价值，有什么类型的价值？有价值的数据在哪里，如何获取和存储？如何建立数据的开放、协同、共享机制？如何建立从数据采集到价值产生的技术支撑体系？如何进行数据的安全和隐私管理？怎样建立数据价值的共享、传递、交易、归属、分配机制等。

>>> 数据资产管理

数据资产管理（data asset management，DAM）是规划、控制和提供数据及信息资产的一组业务职能，包括开发、执行和监督有关数据的计划、政策、方案、项目、流程、方法和程序，从而控制、保护、交付和提高数据资产的价值。[1]

在国际上，随着数据管理行业的成熟和发展，数据资产管理作为一个专业管理领域逐渐被人们广泛研究和总结。国外一些数据资产领域的专家和学者成立了数据资产管理专业论坛和组织——国际数据管理协会（DAMA），并建立了数据资产管理相关理论指导体系——DAMA 数据管理知识体系（DAMA – DMBOK）。根据其经典理论，数据资产管理一般包括数据治理、数据架构、数据开发、数据操作管理、数据安全管理、主数据管理、数据仓库和商务智能管理、文档和内容管理、元数据管理和数据质量管理等十大职能。

按照数据的生命周期，可以将数据资产管理划分为基础层、数据层、分析层和价值层。其中，基础层着重于基础架构和设置，包含数据仓库和商务智能管理、数据安全管理等；数据层着重于数据获取、质量和标准，包含数据治理、数据架构、参考数据和主数据管理、元数据管理、数据质量管理等；分析层着重于数据挖掘、建模与分析，包含数据操作管理和数据分析等；价值层则是数据资产管理的最高层，是数据为企业创造价值、促进生产、提高业务经营效果和企业战略的最终解决方案。

---

[1] 大数据时代的资产管理. https://wenku. baidu. com/view/e3a54993ce2f0066f53322f7. html.

大数据资产

》》大数据内涵

数据通常是数值或者其组合。一般地，我们认为数据是通过观察、实验或计算得出的结果，包括数字、文字、图像、声音、日志等。数据是一种客观存在，并以一定形式表现出来，大数据是数据中的一种，随计算机技术的发展和其内在价值的发现而进入我们的视线。在目前的会计分类中，数据资产应该归属到无形资产，那么大数据是不是数据资产呢？大数据是否有数据资产或者无形资产的属性和特征呢？笔者认为，大数据是数据的一种，具备资产属性的大数据就是大数据资产。

目前，比较权威的大数据定义是"4V"定义：即大数据是以容量大、类型多、存取速度快、应用价值高（volume，variety，velocity，value）为主要特征的数据集合。大数据一般产生于物联网、传感器、天文、气象学、基因工程、动物学、制造工业、通信、邮政、海运等方面。根据其来源，大数据可简单地分为两类：①人文大数据，即人类活动及其记录所产生的各类数据；②机器大数据，即各种机器尤其是计算机产生的大数据，包括文件、数据库、多媒体审计、日志等形式。大数据的特点和分类可以帮助我们在建立大数据资产的会计子科目时进行合理的设置。

大数据并不是一个简单的词汇，也不是一项可以普及化、寻常化的技术。大数据里的"大"是切切实实地需要足够的数据量才可以达到的。虽然对此大家的争议比较大，但是有一点基础认知是共同的，那就是数据量至少得是PB级的，算法或者处理逻辑的时间复杂度是 n 的平方甚至更高的这种规模，才能算得上大数据。PB级的数据量，即 1 024 TB，约 4 000 亿页文本。世界上最大的搜索引擎谷歌，搜索超过 20 亿的 Web 页面、3 500 万份非 HTML 文档及大约 5 000 万打印页面的消息，这样折算下来最多不过是 40 亿页文本，也只是 0.01PB 而已。

数据的"大"只是基础之一，最关键的还是数据处理的价值。处理数据非常容易，只要几百台机器、一两个工程师，就可以做出类似 Hive 的数据分析平台，一个月就可以处理超过 100 PB 的数据。难度在于数据库里的数据量是否足以支撑大数据的业务，以及采集与记录这些数据所要花费的成本是否是企业所能承担得了的。

就如马云在某个场合下所言：阿里巴巴并不是一家电商企业，它是一家大数据企业。因为阿里巴巴庞大业务体系里所涉及的巨大数据量，与当前整个互联网电商领域里的销售、物流、流转、购买等最有价值的信息有关，这些信息都是前途无量、价值可观的，也是支撑阿里巴巴构架自己的大数据平台的基础。

》》 大数据的资产特性

2015 年，移动互联网数据应用方兴未艾，波音公司发动机所生产的大数据为马航飞机失事提供了有力的证据，大数据得到了商业和工业企业的高度重视。许多原本存放在服务器上平淡无奇或者慢慢被弃去的陈年数据一夜之间身价倍增，大数据之父维克托乐观预测，数据列入公司资产负债表只是时间问题。

事实上，数据有可能成为资产，但不是所有数据都能具备资产的属性。宝贵的石油在工业化时代来临前的很长一段时间里，也只是一种无用的黑色液体。大数据可能也是如此，不过我们可以推动和加快大数据资产化这个过程。

2014 年初，某研究小组为满足内部业务需要，同时提高用户的满意度，从北京市 500 万 3G 手机用户的 20 TB 行为大数据中，分离出 185.1 万户对移动流量有需求的用户，又根据目标业务的需要，再次筛选出 17 301 条重度流量需求目标用户，然后又根据营销成功可能性系数 >18 和银牌用户的双重要求，确定营销目标 2 640 名；在呼叫试验中，成功率 34.83%，相比以前的营销成功率 2% ~3%，提高了 10 倍以上，极大地鼓舞了一线营销人员。

从这个案例我们可以看到，经过分离的数据产生了直接的收入，而产生收入的大数据可能平时就在那里静静躺着，也许 3 个月或 6 个月之后，就被数据库管理程序自动删除。我们让大数据产生了收入，大数据有了价值，可以成为资产。但是我们也投入了劳动，收入如何分配？这些大数据或许也被其他人研究和开发，产生了其他的收入，其价值是简单的叠加吗？今天这些大数据没有收入价值，也许明天就有了，风险资本愿意去买这些今天看来无价值的大数据吗，其价值如何判定？大数据也许就是副产物，其产生的成本如何确定？这些都是有待解决的问题。

笔者认为，从现有的技术条件和大数据应用情况来看，大数据具有资产的特性，尽管还没有普及和存在许多困难，但其理论上的可行性是成立的。根据大数据产业的发展历程和目前的应用情况，笔者对大数据资产的定义是：大数据资产是自然人或法人拥有的能够带来现实或潜在可计量经济利益的大数据或其衍生物，衍生物以大数据为核心价值。

大数据资产是一种客观存在，其产生和存在可以合法或者不合法。大数据资产的计量具有波动性。大数据资产不具有实物形态，但它的存在有赖于实物载体，需要存储在有形的介质中，比如计算机硬盘、移动硬盘等。大数据通过数据挖掘形成资产后，虽然以抽象的形态存储于介质中，但资产价值与存储的介质无关，因而不能将其物化于某一项实物形态的资产上。大数据的商业功能即常见的商业模式，包括租售数据模式、租售信息模式、数字媒体模式、数据使能模式、数据空间运营模式以及大数据技术提供模式。

》》 大数据资产化

公司和组织的目标及生存价值就是在竞争中赢利和发展，这是市场经济条件下公司运营的基本准则。在知识经济和经济全球化背景下，公司和组织加强资产管理，提高资产的数量和质量是提高自身竞争力的重要路径。大数据资产已经在日常生活和国民经济中展现身影和巨大的活力，它可以在不大量增加成本投入的基础上，通过采集利用一些以前抛弃的数据，额外增加一份价值，其表现形式为收入的增加和成本的节约。

但令人遗憾的是，虽然大数据在目前的经济社会中已经发挥巨大作用，产生了明确的经济价值，可是其产生的价值计量却需要依附在其他活动和其他资产上。这对真实地反映经济生活是不利的，将会影响企业经营者的判断和决策，也会误导社会其他决策者，对于那些生产和利用大数据创造巨大价值的人也很不公平。因为数据价值无法独立计量，许多宝贵的大数据资源现在还在不断流失，或者如同管理者所说的"数据都在睡大觉"。笔者希望提出一个建议来解决大数据价值独立计量这个问题。

大数据资产化即赋予大数据资产性质的过程。大数据种类很多，我们可以找到符合资产要求的那些大数据。一是公司和组织控制权要求。要成为公司和组织的资产，作为主体的公司和组织一定要拥有大数据的控制权。目前来看，大数据所有权问题一般比较清晰，只有涉及个人信息的那部分相对模糊。二是公司和组织拥有收益权。资产能带来经济利益是大家的共识，如果不能带来经济利益，再多的大数据也不能成为资产，公司和组织还要为这些大数据支付额外的存储费用。三是大数据可以量化为货币，即货币化。货币是我们进行经济活动的共同语言，数据用货币计量有两个基础：首先社会要对数据的价值达成基本的共识并愿意进行交换，同时法律上要对此做出明确的规定。货币作为会计信息的统一计量单位，有利于不同公司和组织、不同行业用同一口径衡量反映其财务状况和经营成果。对于数据资产的货币计量，简单来讲，可以参照无形资产的计量规则。很多高科技公司和组织都具有较长的投入产出期，通过对递延资产的摊销可以为公司和组织形成有效税盾，降低公司和组织实际税负。

数据资产保护模式

人们依赖和利用网络，网络购物、浏览网页、购买飞机票等都需要输入个人信息甚至是隐私信息，处处留下各种触网"痕迹"，这些都被无所不在的网络及电子设备所记录。所以用户不免担心，在享受网络方便的同时，这些个人信息和痕迹怎么办？在这种情况下，关于网络个人信息问题，公法上主要立足信息社会构建和网络信息安全防控两个方面，私法上则主要站在用户焦虑的角度，基于个人信息的人格权保护思维，对信息活动进行相关约束或规范。

美国和欧盟援引隐私权保护或确立个人信息人格权保护等方式，其落脚点都是以个人信息为基础，将用户视为唯一绝对的主体。这种模式的形成，除了路径依赖之外，很大程度上也是早期互联网活动视野下可以理解的一种法律思考。北京航空航天大学龙卫球教授在《新型财产权构建及其体系研究》中对个人信息和数据利益关系的法律架构调整思路作了阐释，分析了美国和欧盟的立法模式①。

---

① 龙卫球. 数据新型财产权构建及其体系研究［J］. 政法论坛，2017，35（4）：63 - 77.

>>> 美国模式

　　美国是互联网的起源国，对于个人信息财产权利法律行为，很早就立足于用户的角度，一般采用通过援引和变通隐私权保护来加以处理的模式。具体的做法是，原则上援引现有判例法关于隐私权的规定来处理网络上用户个人信息的规范和法律地位问题，以此保护用户个人信息和规范网络信息控制者、使用者的行为，但同时根据网络信息实践开展的实际需要进行一定的变通，以更加务实地调整用户和网络经营者之间基于个人信息的利益关系，并以此判定网络经营者接触、收集或者处理个人信息的行为是否构成侵权。

　　美国司法实践通常采用将用户个人信息纳入隐私保护的做法。美国《第二次侵权法重述》规定了四种隐私权侵权类型：①侵入公民的隐居所；②向公众揭露私人事实；③在公众面前传播错误信息；④未经允许的对他人姓名或喜好的揭露。这四种类型界定了美国司法界隐私保护的大方向，而有关法院对于这种隐私侵权增加了一些必要的限定条件。比如"未经允许揭露他人姓名和喜好"这类型，其限制该规范仅仅适用于那些希望保护自己隐私并且能够从中获利的个人，亦即那些名人，因为名人的喜好具备着某种财产利益，而对普通人而言这种利益则可以忽略不计。比如某著名影星的肖像本欲张贴在 A 商品包装上，但是却被未经允许地使用到了 B 商品包装上，这可能使得 A 商品的销量因此降低，由此该影星便可主张隐私权受到侵害。

　　但是，随着数据经济的发展，美国司法界认为，网络个人信息保护问题具有特殊性。因为如果不对网络个人信息保护在援引隐私权规则方面进行适度软化，网络经营者将难以为继，而用户在使用网络过程中也会有诸多不便。但关于这个软化的问题，也是存在颇多争论。

　　其中一大争论就是对用户的个人信息权利是否应赋予一种可"自决利用"的功能。通常隐私权被认为属于自我享受的一种消极权利，不具有积极的"自决利用"功能。但从现实情况来看，如果对网络上的个人信息严格按照不能自决处理原则，必定使得数据从业者无法获得授权去触及、收集和利用数据。实践中，美国网络环境下的信息从业者早就采取各种办法，特别是取得用户协议同意的办法，来对用户个人信息展开积极的收集和利用。这就是所谓的"知情同意原则"（notice and consent）。根据该原则，网站在明确告知用户信息或数据的收集和使用状况，且获得用户的明确同意的情况下，可以收集和使用用户信息。

另外，关于隐私侵害的"隐蔽性"及"极为重要性"的条款是否要加以适当软化也是争论不休的话题。一般的隐私权保护法律法规是以侵入到"隐蔽所"来认定构成对公民的滋扰的，虽然没有明确规定隐蔽所是要有具体的物理形态，但是美国司法界一般认为公共场所不在隐蔽所的涵盖范围之内。但是，具有天然开放性的网络社会可视为公共场所，如果利用隐私权保护网络个人信息就会有一定的冲突。而且美国司法界对于隐私权往往倾向于对于那些"极为重要"的隐私信息的保护，对网络上的个人信息也会根据重要性加以区分，如未编成册的电话号码、直邮公司的订单表、个人保险记录等，美国司法界认为都不符合"极为重要"的标准，对此类型不构成侵犯隐私。对于如何对待网络个人信息保护的私密性和重要性，美国司法界对此呈现出放宽的趋势。

还有一大争论就是有关隐私保护中对"高度侵犯性"的认定。绝大多数数据信息的搜集和使用都是在用户完全不知晓的情况下进行的，在这种情况下对个人上网信息的搜集和使用，似乎难以认定为"高度侵犯"。况且数据搜集的目的也并非绝然对用户不利，此时很难说用户正在被高度侵犯。这些观点在今天看来仍然会引起争议，因为对用户有利或者不利只是一种主观判断，很难客观认定。

隐私权在美国最初被认为是一种反抗非法搜查和逮捕的权利，因此一些美国法官和学者也经常将宪法和隐私保护结合起来，坚持隐私权同时也具备特定宪法价值。一些人希望借助于宪法来增强隐私保护力度，以此来加强对网络个人信息的保护。但是另一方面，许多人也注意到，这种宪法上的隐私保护具有限定范围，主要涉及的是对政府权力的限制，并没有涉及处理互联网企业和用户的关系，所谓的"法不禁止即可为"，对于网络经营者反而具有积极意义。只要法律未对其进行限制，那么商业组织对个人信息的收集、处理和使用就应该不言自明地具有合法性。但是对于政府和网络经营者来说，这种自由不可任意套用，其实在美国斯诺登事件曝光以后，对于政府监控个人信息方面还是引发了不少公众的抗议。

实际上，美国联邦政府很早就开始考虑通过联邦立法来规范网络个人信息的保护问题。美国健康、教育和福利委员会在 1973 年的《记录、计算机和公民权利》（HEW）报告中就提出了制定《公平信息操作法》的主张，其中规定了个人信息使用的五项基本原则：①不能秘密存储个人信息；②公民必须能够了解自己信息的保存和利用情况；③公民必须能够了解自己的信息是否在不经自己同意的基础上被使用；④公民必须能够修改或补充关于自己的个人信息；⑤建立、维持、使用或传播个人信息的机构必须对信息的使用负责，并且防止信息的滥用。这些原则的根基显然是基于对于隐私或个人信息绝对保护的思维，所以体现为不能秘密储存个人信息和必须保障用户知情、同意、修删（遗忘）以及安全的利益。但因政府部门认为其将限制自己的职能行使，企业认为其会对其商业运行增加负担，该原则最终未能生效，也始终没能出台统一的个人信息保护法和设立相应的独立监督机构。

最终，美国决定对涉及个人信息的主体关系做出区别立法对待。就企业和个人之间的数据使用和交易，鼓励通过强化行业自治，自我约束企业行为来达到有效保护个人信息的目标；涉及公权力关系领域，美国在 1974 年制定了《隐私权法》，专门规范公权力使用个人数据的问题。此外，美国将个人信息区分为敏感信息和一般信息，并针对敏感信息出台了一些特别法，如1988 年的《影视隐私保护法》、1998 年的《儿童在线隐私权保护法案》等，确立对特殊主体敏感信息的公共保护原则。2013 年美国联邦贸易委员会（FTC）修订了《儿童在线隐私保护法案》（COPPA）规则，旨在确保父母能够全方位参与儿童的互联网在线活动过程，并且能够对任何人收集儿童信息的行为有所知晓。有关规则要求：专门针对儿童的应用软件和网站，在儿童父母未知、未获得其同意的情况下，不允许第三方通过加入插件获得儿童信息。其中，2013 年美国加州在通过的该州的《商业和专业条例》中更是明确规定，18 岁以下未成年人有权要求网络服务提供商删除个人信息。可见，美国对于个人信息产权的保护特别是涉及未成年人的个人信息保护是明确而具体的。这对当今的中国特别是涉及有关互联网游戏企业的管理监督具有重要的借鉴意义。

>>> 欧盟模式

欧盟以及其成员国家由于特殊立法体制，在对个人信息保护法的制定方面，相比美国显得更严格。欧盟在法理基础上主要采用了确立个人信息人格权的保护模式，明确用户信息在相当于隐私权的范畴内其个人信息具有人格权地位，因此严格限定互联网企业的个人信息使用行为。

考虑到欧盟国家个人数据流动的实际，欧盟在较早的时候就决定在一体化进程中统一个人数据保护立法。1995 年，欧盟就通过《关于在个人数据处理过程中保护当事人及此类数据自由流通的 95/46/EC 条例》（简称《个人数据保护条例》），旨在促进人权保护、统一欧洲数据保护，要求各国采取统一立法模式，建立独立的数据保护机构，对于个人信息数据进行充分保护。1997 年，又通过《有关电信行业中的个人数据处理和隐私权保护的 97/66/EC 条例》（简称《电信业隐私权条例》），适用特定的电信行业。两项指令的内容涵盖了在网络环境下有关消费者个人信息数据采集及处理的各个方面，并且为其保护规定了具体措施。2002 年，欧盟颁布了新的《关于在电子通信领域个人数据处理及保护隐私权的 2002/58/EC 条例》（简称《电子隐私权条例》），于 2004 年 4 月起在欧盟成员国生效实行，取代此前的《电信业隐私权条例》。在 2010 年，欧盟委员会启动了对于《个人数据保护条例》的修订计划，希望在数据的一般规范领域总体上做出一些有利于数据经济关系现实的规范调整，以更好地适应新信息技术条件下个人数据保护及流通要求。2012 年，欧盟发布了《有关"涉及个人数据的处理及自由流动的个人数据保护指令"的立法建议》（简称《数据保护指令修正案》），提出了个人数据保护立法一揽子改革计划。但由于框架基础保守，特别是对于数据财产化趋势重视不足，在此后的通过过程遇到很大的阻力。欧洲数据组织（Digital Europe）成员包括美国互联网巨头谷歌、亚马逊、脸书等公司广泛进行游说，批评修改内容中存在许多不合理的地方，给行业企业在控制和处理隐私数据时造成许多没有必要的负担，例如要求大企业必须进行风险影响评估是"作茧自缚"，此外其他方面的规定也使得数据外包处理的工作面临过多限制。数据商的游说拖延了立法改革通过进程，而且推动了一些缓和性再调整的发生。2016 年 4 月 14 日，欧洲议会投票通过了商讨四年的《一般数据保护条例》，该条例已于 2018 年生效。

总体来看，上述立法都是站在确立个人信息人格权并予以较为严格保护的立场来解决问题的。比如欧盟认为，面对网络时代个人数据保护的压力，应该从人权保护的角度来寻求解决之道，于是决定赋予个人信息以人格权地位，引入相当于隐私权的保护，确认个人数据权益并加以绝对化保护，将其提升到保护自然人基本人权和消费者特殊权利的高度，以此规范和引导网络社会的发展。

欧盟设立了严格的数据行为规范，限制对个人数据的收集和控制活动，明确信息收集或控制者的行为模式。数据掌控者在处理数据时，只有至少满足下列条件之一才是合法的：①数据主体同意为一个或多个特定目的处理其数据；②数据处理是为签订或履行合同所需；③数据处理是为遵守法定义务所需；④数据处理是为了保护数据主体或其他自然人至关重要的利益；⑤数据处理是为了保护公共利益或行使政府授予的权力；⑥数据处理是为追求数据控制者或第三人的正当利益，但不得损害数据主体特别是儿童的利益或基本权利与自由。

为了制约数据控制者对数据的不当处理，欧盟法律赋予了数据主体一系列较为强大的权利，如同意权、被遗忘权、拒绝权、赔偿权等。其中，同意权是指数据操作者在收集和使用个人数据前，必须向数据所有者明确告知数据的收集内容和使用方式，并且需要获得数据所有者的明确同意。被遗忘权是指数据主体有被遗忘的权利，有权要求数据控制者永久删除某些数据，除非数据的保留有正当的理由。拒绝权指数据主体有权以合法充分的理由拒绝某些情形的数据处理，有权拒绝以直接营销为目的的个人数据处理。赔偿权则是指数据主体有权向数据控制者请求赔偿因非法数据处理造成的损害，但数据控制者能证明损害并非是由其造成的，则可以全部或部分免除其责任。当然，面对企业和网络服务者经营或利用个人信息日益增长的需要，欧盟也采取了一些变通措施，如突破人格权不可让渡的原则，将个人信息权由消极人格权向积极自决人格权方向加以改造；允许用户通过合同方式约定或授权网络服务商收集、控制、使用甚至处分数据，使得数据从业者从事数据活动得到一定程度的容忍。①

此外，欧盟还成立专门的保护监督机构，重点监督数据收集和控制者的行为，规范信息跨境流通，强化数据保护机构之间的合作。可见，欧盟采取了比美国更加严格的人格权保护路径，尤其强调个人信息作为基本权利的崇高定位。

>>>中国模式②

《中华人民共和国民法总则》第一百二十七条规定："法律对数据、网络虚拟财产的保护有规定的，依照其规定。"这是民事基本法首次确认数据和网络虚拟财产的财产权属性，对公民个人财产的保护具有划时代的意义。

网络虚拟财产与传统财产相比，形态存在较大的差异，在我国现行的物权法体系中，最主要的财产是不动产，而动产多限于物质性财产，这是当时

---

① 刘权. 个人数据保护，可向欧盟"取经". ttp：//baijiahao. baidu. com/s？id＝1586782107019466795&wfr＝spider&for＝pc.

② 首次确认数据和网络虚拟财产的财产权属性. http：www. iyaxin. com/content/201705/c128349. html.

立法时，科技水平和财产利用能力在法学上的直接反映。但是，随着计算机和网络技术的进步，数据化信息越来越表现出财产的属性，尤其是大数据时代的到来，数据被称作最有价值的财富，掌握着大数据的公司在商业竞争中独占鳌头。例如，通过上市公司的市值可以看出，市值最大的、受到人们强烈追捧的公司多是那些掌握核心大数据的公司，如脸书、阿里巴巴、腾讯等。根据腾讯公司发布的 2016 年全年业绩，腾讯公司 2016 年总营业收入 1 519. 38 亿元，同比增长 48%；净利润 410. 95 亿元，同比增长 43%。有些公司盈利的一个重要途径就是对大数据的再利用。例如，腾讯公司利用百度指数、网吧点击率等来预测产品趋势。至于网络游戏中的游戏装备等数据，由于直接存在交易价格，更能直观感受其财产属性。

如今，越来越多的人认为对数据和网络虚拟财产予以保护已是刻不容缓。我国传统法律虽然将一些信息纳入保护范围，如通过《知识产权法》《专利法》等保护电路设计图、计算机软件；通过《商标法》《反不正当竞争法》等保护企业名称、标识、经营信息等。但是，还存在大量具有商业价值的信息得不到现有法律体系保护的情况，如被商业利用的消费者及其需求的个人信息；因欠缺独创性而无法纳入《著作权法》保护的数据库；电脑和其他电子存储系统内因欠缺独创性而无法被《著作权法》保护的信息；现实财产、货币和支付手段所对应的电子信息和数据等。《中华人民共和国民法总则》明确了数据和网络虚拟财产的财产权利属性，具有广泛的针对性和适用性，同时也为将来更具体的网络虚拟财产保护方面法律法规的制定预留足够的空间。

数据财产化[①]

随着全球资本与信息的互联，大型网络公司对于历史文献资料的数据化，商业集团对于客户资料的搜集，政府部门对于个人信息的调查与掌握，社会化媒体对于社会交往的渗透与呈现，大数据的生成与流动已经成为必然。那么下一步，更需要考虑的就是如何来保证这些数据的安全。这不仅涉及国家

---

① 龙卫球. 数据新型财产权构建及其体系研究[J]. 政法论坛，2017，35（4）：63 – 77.

层面的主权维护、领土安全、军事机密等，也涉及商业集团的商业机密、专利权利，还切实地涉及个体的隐私保护、人身安全等。同时也要尽量避免数据的人为垄断，形成信息孤岛。由于现今互联网技术高度发达，理论上任何在互联网或电子设备上的文字、图片、地理信息等都可以被第三方获取，除了在技术上采用数据加密、物理删除等方式外，通过法律的形式保护个体和集体的数据安全更成为关键。"数据权"有望成为下一个公民应有且必需的权利。如何高效、适度地开发和使用大数据，不仅仅是一个技术问题，也是一个社会问题。

传统法律架构对用户个人信息赋予人格权保护的简单立场，不能适应互联网日益发展的需要，对逐渐复杂化的数据活动带来了巨大障碍。于是，一种需要法律发展的意识产生了，引发进一步改革创制的呼声，要求理论上尽快提出与数据活动尤其是数据经济发展需要相符的新方案，以便在保护用户隐私或者个人信息的同时，能够合理促进数据活动的开展。数据活动，从本质上即要求数据的大规模收集、处理、报告甚至交易，不宜简单站在用户立场，只为了保护个人信息而保护个人信息，而对数据活动进行简单粗暴的限制。数据财产化（data propertization）理论于是应运而生，并很快在数据经济界得到呼应。

20 世纪 70 年代初就有美国学者提出，应当将数据视为一种财产。然而，公认为系统提出数据财产化理论的，当属美国的劳伦斯·莱斯格（Lawrence Lessig）教授。莱斯格在 1999 年出版的《代码和网络中的其他法律》（*Code and Other Laws in Cyberspace*）一书，被誉为当时"最具影响力的关于网络和法律的著作"，该书首次系统地提出了数据财产化的理论思路。

莱斯格认为，应认识到数据的财产属性，通过赋予数据以财产权的方式来强化数据本身的经济驱动功能，以打破传统法律思维之下依据单纯隐私或信息绝对化保护过度保护用户而限制、阻碍数据收集、流通等活动的僵化格局。那么，数据财产权应当赋予用户还是数据经营者？

莱斯格和其追随者认为，应当赋予用户（事实的数据主体）以数据所有权，因为通过法律经济学分析，数据财产权应该赋予用户，这样才更有效率。可以比较一下，如果将数据财产权授予数据使用者即经营者，那么事实上的数据主体即用户，就要花费大量的成本才能知道自己的信息是否被搜集以及正在被如何使用，而数据使用者将不需要支付任何成本，因为其已经占据并使用着数据。如果将数据财产权赋予用户，那么数据使用者要获得用户的个人数据就只能通过合同或侵权两种路径。"合同路径"是一种合法的行为，数据使用者必须与用户签订合同，征得用户明确同意后才能对数据进行收集、使用、处理或出售。依据美国的合同法相关理论，一个有拘束力的合同原则上是应当有对价的，即数据使用者必须给予用户一定的补偿，才能使用用户的信息。"侵权路径"则是一种非法行为，当数据使用者未经用户的允许而擅自收集其个人数据时，即构成了对用户数据财产权的侵犯，因此应当按照侵权路径追究数据使用者的相关责任。

此外，赋予用户数据财产权，就会迫使数据使用者主动与用户进行商议，如此便改变了用户在数据市场被忽视的境地，使得用户获得了一定的议价能力。更何况，技术也降低了数据经营者和用户协商的成本。例如，网络技术的发展就使得隐私强化技术成为可能，其中最为典型的就是隐私参数平台协议（platform for privacy preferences，P3P）。当然，网络技术的应用也需要法律为其提供足够的助力。

莱斯格认为，赋予用户数据财产权，除上述作用以外，对于个人数据的保护还有以下两种优势：①数据财产化可以满足不同人的隐私需要。实际上，不同人对自己的个人数据会有不同的认识，以电话号码为例，对有些人而言，其手机号码被公布或许不是什么大不了的事情，但是如果是影视明星、政府官员的手机号码被公开，对他们而言或许就是不小的麻烦了。实践研究也表明，人们对隐私保护的态度不一。面对这一现状，如果采用数据财产化路径，便能够使得公民对其个人数据的不同"定价"得到实现，而如果仅仅依靠行政管制或刑法规范，数据的"客观价值"或多或少都会让人感到失望。②数据财产化路径可以起到预防之效。法律规范行为主要有两种机制：事前和事后，前者则是预防型的，即预测并防止某一事件的发生；后者是反应型的，即对某一个事件做出反应。现代社会越来越倾向于预防型规制。例如，以往对犯罪嫌疑人的侦查，只有在事实发生且特定人有重大嫌疑的情况下才能为之；而机场对人体的搜索则是在没有安全事件发生之前进行的，先进的技术使得工作人员可以透过衣服观察人们是否携带违禁品。对于个人数据的保护，也应该侧重于事前预防而非事后救济，而财产制度的关键是给所有人以控制信息的权利。

莱斯格认为，只有承认数据是一种财产，才会使得对数据市场的规范由事后变为事前，才能预防大规模损害公民个人数据现象的发生；只有承认用户对数据的财产权，才能够使得该诉求得到法律的支持，才能够借助既有的法律应对新时代中的数据纠纷。

数据权利体系与土地权利体系

当今世界，技术的进步，包括互联网、物联网、可穿戴设备等技术的发展和运用，使得企业和个人更多的行为可记录、被记录，可分析、被分析，由此产生的数据资源也正和土地等生产要素一样成为促进经济增长和社会发展的基本要素。数据资源已经成为一种财产，明晰产权是建立数据流通规则和秩序的前提条件，且大数据应用不能以牺牲个人数据财产权为代价。

笔者作为一名规划从业者，长时间跟踪研究土地利用规划和土地财产权利等，深刻感受到数据权利体系与土地权利体系具有高度的相似性，构建数据权利体系可从土地权利体系中借鉴其思路和经验。

我国经过几十年的实践探索，结合国外经验，开创了具有中国特色的土地权利体系——土地所有权、土地使用权和土地开发权三种权利体系。在我国的土地制度框架下，土地开发权与土地所有权、土地使用权一脉相承，构成相对独立和对应的法律关系。

我国土地实行社会主义公有制，分为全民所有和集体所有，土地所有权是具体的。但是，我国的法律体系对土地所有权的行使主体没有明确的规定。城市土地归全民所有，各级政府分级监管，土地管理部门行使行政权力，是客观上的土地权利主体。

从土地使用权制度上来看，《土地管理法》和《城市房地产管理法》都提出了土地使用权的法律概念，但是对土地具体使用到什么程度没有界定，只是提出"土地使用权出让，必须符合土地利用总体规划、城市规划和年度建设计划"。即是说，获得土地使用权，也就获得了土地开发的权利，但是土地具体能够开发到何种程度，则受到城市规划的约束。可以这样理解，取得土地使用权就像买到一块土地，只是具有土地表层使用权利，至于是在地表之上建设三十层高楼，还是在地表之下建设五层地下空间，则属于土地开发权范畴。

土地开发权是随着社会经济的发展对土地权利认识逐渐加深的结果，是从土地所有权中分离出来的。确立土地开发权制度，有助于加强土地管理工作，在土地所有权和土地使用权权限界定模糊的情况下，能够为土地使用管理把好最后一道关。土地使用者有偿获得土地使用权后，再根据政府规划许可获得土地开发权进行开发，土地所有权、土地使用权和土地开发权三者逐层递进，共同掌控土地管理工作。

土地被称作"财富之母"，类比土地，笔者认为，数据就是新一代的"财富之母"。同样，笔者认为，数据权利体系也应包括三大结构：数据所有权、数据使用权和数据开发权。

>>> 数据所有权

你的，我的，还是他们的？数据作为能带来价值的一种资产，明晰产权是建立数据流通规则和秩序的前提条件。

数据的所有权问题其实并不复杂，数据主体是谁，数据所有权就归谁。数据所有权的基本原则是，谁的数据归谁所有，没有任何主体指向的数据是公共资源。对于个人主体而言，与其行为特征有关系的一些数据归于个人主体所有，包括自然人的特征、财产、负债、行为、健康情况、爱好等数据，都应该归个人主体所有。

就以个人信息而言，个人的信息属于个人吗？那么，如果征得被收集者同意后进行收集的数据，数据收集者享有数据所有权吗？个人给予数据收集行为的同意，是否具有数据所有权转让或许可性质上的法律意义？在界定数据所有权问题上，需要与现行法律制度中的人身权制度对接，并可借鉴知识产权制度的设计。①

数据所有权归数据创造者天然拥有。因此，在网络世界中的一切数据，只要是个人创造的，如朋友圈发布原创文章、个人照片、评论、点赞等，都归个人所有，还有个人财务、电信记录、健康情况、交通记录、消费记录、持有房产情况等一切数据也都归个人所有，即数据所有权是对数据的完全占有、处分和获得收益的权利，这是毋庸置疑的，是天然而明确的，数据所有权是在数据相关法律权益中占统治地位的权利。

在数据中与个人主体相关的特定信息（例如遗传信息、个人信息、医疗信息、隐私信息等），仍然属于数据所有权的范畴。而数据中的其他类型，如关于客观物质世界的信息、人类行为的信息、人类智力劳动成果的信息，则

---

① 数据为王：大数据时代数据的法律属性及保护. http：//www.kwm.com/zh/cn/knowledge/insights/legality－and－protection－of－data－20160422.

可以考虑比照知识产权制度中的专用权制度进行人为设计。既能够保障数据的收集者、处理者、分析者能够因为自己的投入和付出获得相应的财产权利保障，又能够保障社会公众利益及他人自主进行收集、处理、分析的自由权利。

此外，鉴于某些数据的产生和收集具有唯一性和不可重复性，随着数据产业的不断成熟发展，未来可能还需要对某些数据的所有权保护及许可、流转等设定相应的类似反垄断的规则，确保数据信息能够最大程度地被加以利用和开发，防止数据垄断的情形出现。

1. 数据隐私权①

数据只有那些属于个人隐私的信息，才能在人身权的范畴内得以纳入保护和调整。甚至传统的隐私权因为范围如此狭窄和有限，中国不得不通过立法的方式另行创设了"个人信息"这样的概念，来对此进行规范和保护。但是，根据现行《关于加强网络信息保护的决定》，获得保护的信息范围仅限于"能够识别公民个人身份和涉及公民个人隐私的电子信息"。

我国在《民法总则》之前，全国人大常委会 2012 年通过的《关于加强网络信息保护的决定》是该领域的一项重要立法文件。该决定实际上将个人信息视为用户的一种绝对利益，并以此简单立场来处理用户和网络经营者之间关于个人信息保护及其利用发生的利益关系。该决定规定："国家保护能够识别公民个人身份和涉及公民个人隐私的电子信息。任何组织和个人不得窃取或者以其他非法方式获取公民个人电子信息，不得出售或者非法向他人提供公民个人电子信息。"从中可以看出，其赋予了用户对自己的个人信息以一种类似具体人格权的地位，其中最重要的是具有排除他人非法获取、非法提供的权能。

但是，这一规定并不能适应复杂的现实调整的需要，特别是在大数据现象以及数据经济旋即得到前所未有的爆发之后，其局限性越加明显。这一规定没有明确用户是否可以对个人信息享有积极自决的权利，但网络经营者在实践中为了提供网络服务，需要对用户个人信息进行收集、加工和商业化利用，于是通过设置用户协议的方式，引导用户建立一种有关个人信息的授权关系。这种方式很快得到实践的广泛认同，有关政策规章文件也陆续出台，

---

① 龙卫球. 数据新型财产权构建及其体系研究（上）. http：//www. sohu. com/a/161350647_ 632464.

在贯彻保护用户个人信息的基本立场上，允许其利用自决，并对商业化利用之下保护的强度进行一定程度的软化和变通。例如，国家质量监督检验检疫总局、国家标准化管理委员会在 2012 年 11 月批准发布的《信息安全技术公共及商用服务信息系统个人信息保护指南》（GB/Z 28828—2012）规定，"处理个人信息前要征得个人信息主体的同意，包括默许同意或明示同意"。我国现行有关部门的指导性意见中，较有代表性的还有 2013 年工信部出台的《电信和互联网用户个人信息保护规定》。

2. 信息自决权和数据可携带权[①]

信息自决权是指自然人享有决定关于其个人数据向谁披露、在何程度上披露以及如何利用的权利。从其定义上看，信息自决权是信息主体即个人对自身信息的控制与选择的自我决定的权利，主要表现在个人对数据从收集、存储、处理、使用、删除等各个环节在范围、方式、程度和期限上的深度参与。同时，信息自决还意味着数据处理的透明度原则，即个人应当被告知数据处理的相关信息，包括但不限于数据是否被处理、处理的目的、存储期限以及数据主体享有的权利等。

作为一项旨在增强个人数据控制力的权利，数据可携带权的理论基础来源于信息自决权。欧盟《一般数据保护条例》中对"数据可携带权"的定义是：网络用户即数据主体可以结构化的、常规化的、机器可读取的格式获得其提供给数据控制者有关其自身的数据，并且有权将这些数据从第一个数据控制者传输给另一个数据控制者。其实，数据可携带权在内容上类似于所有权人基于自由意志而实施的物权转移过程，其基本理念在于"个人能够将其个人数据和资料从一个信息服务者处无障碍地转移至另一个信息服务者处"。

对于数据可携带权，虽然当前的互联网行业还没有出台相关规定，但是美国互联网公司早已对这方面进行探索和实践。谷歌在 2011 年推出的 Google Takeout 服务中，用户可选择下载自己所有的档案数据、信息流数据、照片和联系人数据等。Facebook 也为用户提供了下载个人数据的接口，并且提供了更多可供下载的数据类型，除了照片、联系人、视频等数据外，甚至可以提供为用户推送精准广告用的关键词和兴趣列表。微软也在它的产品中提供了不同的数据可携带性设置。

---

① 张哲. 探微与启示：欧盟个人数据保护法上的数据可携权研究［J］. 广西政法管理干部学院学报，2016，31（6）：43 - 48.

所以，无论是从法律规定还是行业发展方面来看，允许用户获取个人数据副本已经成为立法者和企业共同的追求。当然，这并不意味着任何数据都可以获取，更不意味着该权利就没有任何限制条件。

3. 被遗忘权①

你在空间、朋友圈上传的照片，聊天软件上的聊天记录，网上注册过的信息，互联网都没有忘记。

欧盟和科技公司是经常一起上头条的关键词，早些年是微软，近些年则是谷歌，而这里面谈及较多的除了反垄断诉讼外，最频繁的莫过于"被遗忘权"（Right to forget）——从搜索引擎中抹去个人信息的权利。相对于商业垄断而言，被遗忘权与普通人关系更大一些，它关系着你的黑历史会不会被别人看到。

2009 年，阿根廷歌手 Virginia da Cunha 发现自己可以在谷歌和雅虎搜索到她以往的不雅照片，于是便状告这两家公司，要求撤销搜索引擎中的链接，法官裁定她胜诉。而现在，如果你生活在欧洲，想抹去自己在谷歌和雅虎上的信息，再也用不着通过冗长的诉讼来完成了。欧盟最高法院 2014 年 5 月裁定，允许用户从搜索引擎结果页面中删除自己的名字或者相关历史事件，即所谓的"被遗忘权"。

你并不一定得是各种"门"的主角或是西太平洋大学的毕业生才有需要隐藏过去。不管是初中在人人网上发的荒唐照片、大学时以真名写下的博客，还是别人放出的脉脉聊天记录等，这些都有可能是你不想让雇主、同事或朋友在互联网上看到的信息。在国内，若是你要删除这些信息，需要完成这几个步骤：首先要找到信息发布的源头网站，联系他们的管理员删除；然后联系搜索引擎要求不显示该信息；对于已经扩散到各家服务器的消息，要清除还得花钱雇佣代理公司或者黑客"删帖"——当然，这两者都是违法的。

在操作层面，用户删除个人信息并不是件容易的事，即便信息不准确，也很难要求谷歌、百度等搜索引擎删除，尤其是这些信息可能并非利用搜索引擎发布，而只是显示搜索的相关结果。实际上，就国内法律来说，隐私权在立法上没有确立，更无"被遗忘权"这一说法。上海大学知识产权学院副院长许春明指出，如果不是明显侵害个人权益的信息，而是网站公开的正常

---

① 你在互联网上留下的黑历史，何时才能"被遗忘"？http://www.qdaily.com/articles/14322.html.

信息，搜索引擎就不负责删除。个人想要删除公开报道的内容，就国内法律来说，没有法律依据，很难得到处理。

4. 数据知识产权①

数据本身具有类似知识产权所具有的信息垄断性的内在特征，故数据知识产权应具有与知识产权等类似的属性，但当我们审视具有以上特征的一个新的独立存在时，却发现在现有的法律制度体系中，并不能很好地利用现有知识产权制度来对数据进行全面规范和调整。

知识产权只能覆盖数据中一些特定的类别，如符合"保密性""不为公众所知悉性"等规定条件的商业秘密信息，或符合"数据库"定义的著作权下的汇编作品。但这里的"数据库"作品一般也只能享受到汇编作品所享有的对于信息的"选择"和"编排"方面的权利，而难以延及数据本身。而对于一些具有高度创新性的数据发现，如人类 DNA 信息，更是因其"发现"属性与专利制度设计初衷相悖而使其在是否应给予专利权保护方面饱受争议。此外，这些法律概念的出现都是根据大数据出现之前的环境和模式进行规定的，在今天的社会背景下很难适用。

>>> 数据使用权

数据使用权是个人获取部分服务而让渡给提供服务者的部分权益，即个人获得了服务，而服务提供者可以使用个人数据来提供服务，这是一种只能使用一次的、自动的、被动的和相互作用的权益。也就是说，商业银行、电信营业商以及网络上任何你留下数据的地方，获得的只是一次性的数据使用权，我们为了获取"服务"不得不把个人数据信息交给这些公司，但是我们只是让渡初始的和有限的"使用权"，并非放弃了"数据所有权"和"数据开发权"。

所以，那些互联网公司利用数据搞什么用户画像、精准推送、智能分发、用户体验、数据征信、价值挖掘等所有二次开发数据的行为，都是对用户数据权利的侵犯，这是我们必须明确和建立的数字商业时代的最基本的商业逻辑。

---

① 数据为王：大数据时代数据的法律属性及保护. http://www.kwm.com/zh/cn/knowledge/insights/legality - and - protection - of - data - 20160422.

1. 贫富差距与数据"被滥用"

在数字商业时代，大数据能够带来惊天巨变，能够造成难以想象的贫富悬殊后果，这正在成为一个越来越突出的世界性现象。

水木然[1]把不同历史阶段的财富积累划分成三种不同的类型。第一种类型是直线型。在传统年代、传统行业里，我们的财富是跟劳动成正比的，比如如果种一亩地需要花 100 小时劳动，最终产出 100 公斤粮食，那么要生产 1 000 公斤粮食，就需要种 10 亩地，投入 1 000 小时劳动。不仅农民种地如此，工人上班、司机开车、记者写稿等都遵循这种规律。

在这种逻辑的基础上，如果你想获得更多财富，比如你想生产 10 000 公斤粮食，那就需要种 100 亩地、花 10 000 小时，这样你一个人甚至一家人也忙不过来。这个时候，只有去雇佣别人为你种地，你付他们工资，再加上科技的进步，于是进入更大规模的种植。此时你就不再是一个农民，而是一个农场主。作为农场主是要承担风险的，比如天灾、虫害等等，就好比老板们总要承担公司亏损的风险一样。于是社会上形成了大量的"雇佣关系"，这使得财富规律不再遵循线性增长规律，此时财富的分布变得更加陡峭，就是第二种类型——曲线分布。

而现在在这个被互联网统治的时代里，有一个东西彻底改变了社会的运作规律，它的名字叫"链接"——其实就是个人数据信息的不断被复制、被传播和被开发利用。在今天人与人之间的沟通、互动中，"链接"无处不在，一件有意思的小事就可以迅速引发一场传播和互动，瞬时抵达各个角落，于是人与人之间、组织与组织之间被彻底链接在了一起，整个社会由原来的散落状变成了一张大网状。由于传导渠道的通畅，整个社会的资源和财富开始往少数人手里集中，此时财富分布就呈现出第三种类型——指数型分布。

少数人的财富究竟增长有多快？以马化腾为例，从 2004 年到 2011 年，腾讯的利润分别为 4.4 亿、4.8 亿、10.6 亿、15.6 亿、27.8 亿、52.2 亿、81 亿和 120 亿元人民币。马化腾持有腾讯 14% 的股权，也就是说假如腾讯没有上市，那么马化腾的个人财富只能是腾讯利润总和乘以 14%，也就是 43.8 亿元人民币。但现在由于腾讯上市了，他的财富是 600 亿港币（约 518 亿元人民币）。

---

① 水木然. 中国进入"强者通吃"的局面，我们已别无选择. http://www.sohu.com/a/136601171_465294.

这里最关键的是要弄清楚,现代社会中,特别是最近若干年,贫富差距为什么拉大得这么快?笔者认为其中一个重要的原因就在于数据"被滥用"。

现代商业模式的特点是产出和投入之间的关系不仅是非线性的,而且能够带来天文数字般的"网络效应"。举例来说,在购物网站里设计某种类型顾客购买模型算法(即用户画像),可能要已有的用户购物习惯数据和几个程序员花几天时间,而模型算法一旦开发完成,吸引的是上百万、上千万的顾客,人均开发成本几乎为零,而获得的收益却是指数般倍增。今天所有互联网领先的企业,包括淘宝、微信、谷歌以及滴滴等,都是基于这种网络效应而产生了巨大的价值。

2. 网络效应与用户数据使用权益

互联网上的信息是以副本的方式进行传递的,比如发送一张图片,实际是这个图片的副本而已。对于这种副本机制,纯粹从传递信息的角度看,是非常高效的。但是,如果将基于互联网的商业生态看成一个价值网络的话,这种机制却造成了严重的问题。因为如果一个价值符号被发送出去,就又多出一份价值拷贝,这对于提供数据信息的用户而言是一种灾难,他们的个人信息数据被传播和利用而他们却没有获得丝毫收益;与此相反,既得利益者却获得了网络效应下的呈指数增长的价值叠加利益。

过去20年,也就是互联网发展的第一阶段,所有企业的价值源泉其实就是一个网络效应。它是一个相对简单的概念,就是一个网络的价值和使用的人数成某种正比的关系。使用的人越多,这个网络的价值越大,包括物流网络、通信网络以及贸易网络都是如此。正如马化腾所言,只要有了足够多的用户,商业模式绝不是问题。这很好地诠释了网络效应。

这种网络效应到今天已走过了20多年,已经无法再带动社会持续巨大的价值创新。用一句通俗的话来概括就是,"流量为王之后,接下来互联网要往何处去"。对于提供数据成为流量的用户而言,我们难道就仅仅是流量吗?我们难道就只是形成石油的森林中的一草一木吗?

这对提供数据的用户是极其不公平的。用户提供的数据只是为了获取相应服务或者产品,属于数据使用权的范畴,而互联网企业进行开发、分析、判断等则进入了数据开发权的范畴。从公平的角度来讲,数据利用企业要对用户进行经济补偿。这样做的意义一方面是给用户以充分的尊重,"不白白使用用户数据";另一方面,是要让所有的数据使用得明白一点儿,用户数据也是一种企业成本,要充分承认用户的价值和贡献。

这种不同公平性还必须用投入产出关系来衡量。用户提供了数据，最后却沦落为被地主盘剥的长工；既得利益者用近乎零成本的投入，利用移动互联网叠加效应，最后成为贫富差距的另一端——垄断资本家。把地主弄死，农民的确不一定富，但是一定要让地主明白，没有用户这个"1"，其巨大价值后面再多的"0"都是没有意义的。

经济学家唐·泰普斯科特（Don Tapscott）在《维基经济学》中指出，人类已经进入了共享时代："失败者创建的是网页，而胜利者创建的是生机勃勃的社区；失败者创建的是有墙的花园，而胜利者创建的则是一个公共的场所；失败者精心守护他们的数据和软件界面，而胜利者则将资源与每个人共享。"这一理念后来被认为是网络 2.0 时代的核心理念。以用户为中心，注重用户交互，让用户参与共同建设的网络 2.0 原则同样适用于所有组织和机构。

>>> 数据开发权

虽然互联网提高了信息的传递速度，却在如何协调数据提供者、数据使用者和数据开发者等各方达成一致的方面显得无力。为此，笔者参考土地权利制度引入数据开发权的概念。

大数据的最大的价值不是来源于它的基本用途，而是源自于对数据的开发利用。数据开发权，是一种与数据使用权相分离的个人主张的财产权，数据使用权是基于数据的一次性占有和处分，数据开发权是基于数据的再次或者多次开发而言，开发超过提供服务需求的范围应该属于数据开发权范畴。未经数据所有者同意或者许可而对数据进行再次开发产生的财产权益，为体现公平性，应部分流转给数据所有者。

1. 自动画像权①

在 2018 年 3 月初，有消息称，一家数据挖掘公司——剑桥分析公司在未经许可的情况下，窃取了超过 8 700 万名 Facebook 用户的私人信息，并利用这些信息推送消息和发布竞选广告以影响美国选民的选择。这件事实质上也暴露出了使用用户画像对个人数据违法处理与滥用的问题。在大数据和移动互联网时代，为分析用户的群体分布特征和多样化、个性化需求，绝大部分

---

① 用户画像的合规使用——GDPR 与《个人信息安全规范》的比较分析. http：//www. sohu. com/a/241757091_ 806432.

网络运营者和网络产品、服务提供者在业务活动中均会使用用户画像。

关于自动画像，欧盟《通用数据保护条例》（GDPR）的定义是："数据画像指任何通过自动化方式处理个人数据的活动，该活动服务于评估个人的特定方面或者专门分析及预测个人的特定方面，包括工作表现、经济状况、位置、健康状况、个人偏好、可信赖度或者行为表现等等。"国家标准《个人信息安全规范》（GB/T 35273—2017）对用户画像的定义是："通过收集、汇聚、分析个人信息，对某特定自然人个人特征，如其职业、经济、健康、教育、个人喜好、信用、行为等方面做出分析或预测，形成其个人特征模型的过程。"

GDPR 要求在符合处理个人数据的一般规定的基础上，还需符合对用户画像的特别规定。即在数据控制者采取适当措施保障数据主体的权利、自由与正当利益的情况下，数据控制者使用用户画像应基于用户画像对于数据主体与数据控制者的合同签订或合同履行是必要的，或基于数据主体的明确同意下进行。但在大数据业务模式中，大多数情形下使用用户画像也很难说对于数据主体与数据控制者的合同签订或合同履行是必要的，因此在绝大多数情形下，需要取得数据主体对使用用户画像的明确同意。对此，GDPR 的要求主要包括以下几方面：①应当告知数据主体存在用户画像并提供相关的预期后果的有效信息；②应当明确告知数据主体享有对用户画像的反对权；③用户画像不应基于特殊类型个人数据，如性取向、性生活、宗教信仰、政治信仰等敏感数据，除非数据主体明确同意或对数据的处理对实现实质性的公共利益是必要的。

《个人信息安全规范》则将用户画像分为直接用户画像与间接用户画像：直接用户画像是指直接使用数据主体的个人信息，形成其特征模型；间接用户画像是指使用来源于数据主体以外的个人信息，如其所在群体的数据，形成其特征模型。《个人信息安全规范》要求数据控制者制定的隐私政策中应包含收集、使用个人信息的目的以及目的所涵盖的各个业务功能，并应明确列出应包含将个人信息用于形成直接用户画像及其用途。在我国，网络支付与网络购物已广泛普及，用户画像也正被大量使用。然而，《个人信息安全规范》作为推荐性国家标准，它并没有强制执行力，且其关于用户画像的具体规定也较少、原则性较强，而其他相关法律法规中尚未有明确的关于自动画像权的要求。

2. 数据拒绝推送权

拒绝推送权是每个人最容易被侵犯的数据开发权。相信每个人都很讨厌，不管是喜欢还是不喜欢的信息，总是被硬生生地推送到我们的网页上。广告商也许认为，他们只是向用户提供最精准、最符合用户兴趣和需求的信息，但是用户让他们这么做了吗？而且一般来说，广告商根据自然语言技术对精准提取用户兴趣（需求）标签还有些难度；况且用户的兴趣是不断变化的，但用户不会不停地更新兴趣描述，甚至很多时候用户也并不知道自己喜欢什么，或者很难用语言描述自己喜欢什么。

有一组电视广告数据，笔者相信大家看完后一定会明白原因：在美国，平均每个儿童每年会看到 4 万多条电视广告，而一般成年人每年看到的电视广告超过 5.2 万条。更为直观地说，年龄在 65 岁左右的美国人已经看过 200 万条电视广告，相当于他们花了整整 6 年时间，每天 8 小时都是在看广告。而在中国呢？数百个电视台、数亿辆公共汽车、数以亿计的灯箱广告，还有每天打开的网站等，笔者相信，中国网民的广告摄取量不会比美国低。假如是你，面对如此众多的广告内容，你会麻木么？

在互联网信息爆炸的时代，通过百度、谷歌我们可以在数秒钟内找到想要的信息。但我们真正想要什么？我相信大部分人都无法找到真正的答案，即便有答案了，但也同样会被无数的广告欺骗。目前，关于数据拒绝推送权的司法实践，有国家工商行政管理总局发布的《互联网广告管理办法》，其规定互联网广告应具有可识别性，与自然搜索结果明显区分；利用互联网发布、发送广告不得影响用户正常使用网络；弹出式广告应显著标明关闭标志，确保一键关闭；不得以欺骗方式诱使用户点击广告内容等。但该办法涉及的面较窄，主要针对互联网广告，且相关规定也主要是针对广告商而言，并没有强调用户拒绝推送的主动权。而且在该方法之前出台的《广告法》也有一键关闭和可识别性等类似规定，但在其实施后的一年多里，许多互联网经营者的广告业务并没有显著改变。

"数据拒绝推送权"不应是一种梦想中的权利，对于用户来说，拥有此项权利将意味着减少一些不必要的骚扰。

3. 数据征信权

数据主体的征信权利可具体分为以下几个方面：①被告知权，当征信数据使用对征信主体带来拒贷等不利影响时，应通知征信主体；②本人信息查询权，征信主体有权免费或以较低费用查询自己的征信报告；③信用重建权，当个人的负面行为终止一段时期后（一般5～7年），个人有权要求征信机构不再展示其负面记录，以帮助其建立新的信用记录；④司法救济权，对异议处理、本人查询、纠错等征信行为不满时，征信主体可以诉诸法律。需要特别注意的是，我们要防止和制止未经本人授权、强制授权、一次性终身授权等侵权的行为。

信用是人类永恒的话题，不管是基于商品的交易还是基于人情的社交，都起着举足轻重的作用。没人愿意和言而无信的人发生关系，无他，唯风险尔。

美国的个人信用体系是世界上最早和最完善的个人信用体系，从中我们可以看到个人数据征信权利的发展脉络。从架构上，美国的个人信用体系主要有三个角色：信用收集者、信用消费者、信用生产和监督者①。

信用收集者在美国被称为"信用局"。虽然被称为信用局，但却不是政府部门，均是以公司为组织形式。目前美国有三家全国性信用局以及两百多家地方性信用局，他们将个人的信用记录搜集整理之后以报告的形式廉价提供给需求者。每份报告最重要的部分就是信用分，分数越高信用越良好。其信用来源主要包括三个方面：①从银行、信用卡公司、公用事业公司和零售商等渠道了解消费者付款记录的最新信息；②同雇主接触，了解消费者职业或岗位变化情况；③从政府的公开政务信息中获取被调查消费者的特定信息。

信用消费者主要是一些金融机构和用人单位等。一些常规的使用场景如银行审核贷款人的资质、公司审核应聘者等，甚至男女谈恋爱，都会去打听对方的信用分。

个人既是信用的生产者，又是信用的监督者。个人在社会活动中产生的信息如贷款记录、消费记录、公共信息记录、就业信息甚至家庭成员信息等都可能被授信机构提供给信用局。另外，个人如果看到信用报告中有谬误之处，可以向信用局反馈，要求其核实并更正信用报告。

---

① 美国的个人信用体系. http://baijiahao. baidu. com/s? id = 1586188674254983792&wfr = spider&for = pc.

四、从"无视"到"重视"
如何掌控个人数据产权？

■在现实生活中，我们有时候为了获取"服务"，不得不将我们的个人数据信息交付给商家，如不提供家庭地址或者手机号码就无法收到我们购买的商品，如果不提供银行所需要的各种身份、收入证明就无法获得贷款。我们也明白我们的个人数据信息可能会被无良商家倒卖和泄密，但是从今天起，我们要密切关注和关心我们的个人数据，要学会从各种"被迫选择接受"中解脱出来。

我们的一生，我们在互联网世界上留下的任何痕迹，都是有价值和有意义的，只不过这些价值被别人白白开发利用了，你的购物、聊天、搜索等一举一动的数据信息，成就了别人"亿万富翁"的地位。但是，我们创造的数据都是我们应当享有的"数字资产"，对这些资产越早控制、越早关注就能获得越多的主动权，不然就会悔不当初。就像十年前投资什么都不如投资"北上广深"的房子，错过之后永远都不会再有"上车"的机会，你的个人数据就是你在网络世界的"房产"，越早拥有，越早掌控，越早得益。

个人数据流失真相

≫马化腾天天看我们微信？①

"我心里就想，马化腾他肯定天天在看我们的微信，因为他都可以看的，随便看。"

跨过 2017 年，"汽车疯子"李书福开启了新年第一"怼"。在 2018 年正和岛新年论坛上，吉利董事长李书福说道，现在的人几乎是全透明的，没有任何隐私和信息安全。李书福认为，面对这样的一个问题，他是比较苦恼的，因为很多商业上的秘密都被暴露在人前了。

一石激起千层浪，网友纷纷表示支持李总。

对此，腾讯方面回应道：一是微信不留存任何用户的聊天记录，聊天内容只存储在用户的手机、电脑等终端设备上；二是微信不会将用户的任何聊天内容用于大数据分析；三是因微信不存储、不分析用户聊天内容的技术模式，传言中所说"我们天天在看你的微信"纯属误解。请大家放心，尊重用户隐私一直是微信最重要的原则之一，我们没有权限、也没有理由去"看你的微信"。

有趣的是，在 2017 年 12 月 6 日的全球财富论坛上，腾讯董事会主席兼 CEO 马化腾在接受采访时就颇为自豪地表示：腾讯通过十亿张照片的大数据，已掌握几乎每个中国人的长相变化，能预测未来样貌。因为在腾讯平台，每一天有超过十亿张的照片上传，节假日可能甚至有二三十亿张照片，绝大部分都是人的脸，尤其是中国人的脸。马化腾还表示，腾讯有一个更强大的能力就是，几乎掌握了每个中国人过去十几年来的面容变化，因为很多人从年轻开始就一直在腾讯的平台上传照片。所以，甚至可以预测其老的时候是什么样子。

---

① 马化腾天天看你的微信记录？笑，互联网时代，还要什么隐私！http://www.cyzone.cn/a/20180105/321386.html.

大数据技术听上去很厉害，但细细一想，总让人有种不寒而栗的感觉。其实，不仅是腾讯一家公司，用户几乎要面对所有互联网公司给我们带来的数据隐私和信息安全危机。曾几何时，有无数的人担心自己的个人隐私被泄露出去。还记得当年腾讯与 360 的"3Q 大战"吗？当时这场国内互联网业内最大的战争的由头，不也是因为腾讯和 360 双方互相指责对方侵犯用户隐私吗？

>>> 年度账单事件①

2018 年 1 月 3 日，支付宝个人年度账单正式发布。因法律界人士对账单首页的一行小字提出质疑，认为支付宝在用户不知情状态下获取信息，涉嫌违反相关法律，从而引起广泛关注。

支付宝年度账单展示的信息主要为，用户在这一年通过支付宝购买各类商品和服务的统计记录。在账单首页，有这样一行小字——"我同意《芝麻服务协议》"，这些字在画面中占据的位置非常不显眼，用户打开页面时，这行字就呈现勾选状态，也就意味着用户如果不取消勾选，就自动视为同意，用户"不知不觉被同意协议"。

此事被披露之后，引起了网友们的质疑，马云和支付宝开始紧急公关，声称《芝麻服务协议》的默认选项"愚蠢至极"，并在账单发布当晚对支付宝页面小字内容和勾选状态做出了修改，"芝麻信用"官方微博也就此事做了情况说明和道歉。

针对该事件，国家网信办网络安全协调局约谈了支付宝（中国）网络技术有限公司、芝麻信用管理有限公司有关负责人。网络安全协调局负责人指出，支付宝、芝麻信用收集、使用个人信息的方式，不符合《个人信息安全规范》国家标准的精神，违背了其签署的个人信息保护倡议的承诺；应严格按照《网络安全法》的要求，加强对支付宝平台的全面排查，进行专项整顿，切实采取有效措施，防止类似事件再次发生。

2017 年 6 月 1 日起正式施行的《网络安全法》提出，网络产品、服务具有收集用户信息功能的，其提供者应当向用户明示并取得同意；涉及用户个人信息的，还应当遵守本法和有关法律、行政法规关于个人信息保护的规定。

---

① 2017 年支付宝年度账单. https://baike. baidu. com/item/2017% E5% B9% B4% E6% 94% AF% E4% BB% 98% E5% AE% 9D% E5% B9% B4% E5% BA% A6% E8% B4% A6% E5% 8D% 95/22315752?fr = aladdin.

互联网技术的发展对个人隐私带来了巨大的挑战，支付宝年度账单事件也许只是压垮骆驼的那根稻草，而网友的质疑和愤怒，其实从侧面反映出目前个人数据权益保护的现状不容乐观。

》》 人脸识别的隐私沦陷？[①]

人脸识别属于生物特征识别技术中的一种，它指的是根据生物体（一般特指人）的生物特征来区分每一个个体。脸、指纹、手掌纹、虹膜、视网膜、语音、体形、个人习惯（如签字）等生物特征的识别，都有相应的识别技术支持。这些特征常被视为便捷的身份认证形式，因为它们大多与生俱来，且具备唯一性。随着移动设备处理能力的提升，人脸识别技术迅速突破安防领域，涌向日常应用，在金融系统、娱乐等其他领域发酵，创造了巨大的商业价值。人脸识别技术有广阔的前景，也潜藏着安全隐患。这项技术会是一场全新人机交互革命的开端，还是一场个人隐私的沦陷？

以商场内部监控摄像头的例子来说明，比较容易理解"刷脸"的原理：装备了面部识别软件的计算机将会对商场内的视频影像进行检测和识别。系统一旦发现任何可疑的"脸"，就会密切关注那个镜头中的每一张"脸"。当系统把图像中的脸调整到合适的大小和方向后，就会进一步细致识别，并创建一个"面纹"。面纹与指纹原理类似，即一组能够区别人脸的组合特征。每个人眼睛、鼻子和嘴等面部特征之间的距离、面积和角度等几何关系各不相同。把面纹与一张照片进行对比，可以验证一个"已知人"的身份，比如公司对进入特定区域的员工进行身份验证。面纹也可以与数据库中大量的图片进行对比，识别出一个"未知人"。当然，当光照变化、人脸有外物遮挡、面部表情变化时，特征变化较大，即使是一副墨镜也会极大地混淆面部识别系统。此外，正在被识别的人对识别过程的配合程度也是决定面部识别成功与否的因素之一。因而，对有意识地进行面部识别的人进行识别就会比较简单，比如刷脸支付时，顾客为方便软件识别，就需要在合适的光线下直视摄像头。

人脸识别技术的种类虽然繁多，但底层算法大同小异，识别图片的"多样性"和"精准性"才是衡量技术高低的重要标准。只有把一定规模的训练

[①] 人脸识别技术会带来一场个人隐私的沦陷吗？ http://mini. eastday. com/mobile/170928082030690. html.

数据"喂"给机器，提升它深度学习的能力，才能保证人脸识别技术在实际应用场景中达到预期的效果。这也就意味着，为了提高算法的准确性，大量的数据积累是必不可少的。智能硬件、摄像头随时随地采集我们的个人影像资料，而这么长时间大规模地积累用户数据，必然涉及个人数据与隐私保护的问题。

一个叫 FindFace 的手机应用，能让用户通过面部识别技术，仅凭一个人的照片，就能找到他在社交软件上的账号。表面上，这是联系朋友、同事的绝佳方式，但这个程序很容易被滥用，人们可能会错误地用它来暴露他人身份或者造成骚扰。

2014 年美国卡耐基梅隆大学的一位教授发现，经过谷歌图片搜索一个匿名婚恋网站上的用户照片，就能轻而易举地"人肉"这些用户的真实信息。迪士尼曾遭消费者投诉，它擅自使用人脸识别系统 TrapWire 获取消费者的信用卡信息，为其推送他们可能感兴趣的产品。据悉，两名斯坦福大学研究人员开发出一套神经网络算法，可以通过人脸识别来判断出一个人的性取向，且该算法的测试结果准确率极高。这一研究成果及它可能带来的歧视问题，令平权组织深感不安。更不用说将人脸识别技术和警用随身相机、定位软件和辅助实时跟踪的机器等其他技术联合使用，它们对打击犯罪非常有利，却也让我们正常生活中的隐私也随时暴露在公权力之下。

一直以来，欧美大量的消费者权利组织都在关注这一问题，Facebook 和谷歌也分别在德国和法国吃过罚单。欧洲监管机构在已生效的《一般数据保护条例》中嵌入了一套原则，规定包括脸纹在内的生物信息属于其所有者，使用这些信息需要征得本人同意。

>>> "无耻"默认行为

2017 年 10 月，携程在销售机票时默认勾选酒店券、接机券等销售行为引发消费者声讨。之后，携程对其机票产品进行了整改，推出"普通预订"窗口，该页面内所有的附加商品均为默认未勾选。

除了"默认搭售"之外，许多人发现"默认读取"的现象也很常见，现在几乎所有的 APP 都会要求访问用户的通讯录，一些虽然可以选择不允许，但安装使用的时候都是被默认允许的状态。甲用户曾在手机上下载过一款跑酷游戏 APP，安装完成后，提示要读取地址和通讯录方可启动游戏。甲用户心想，一款游戏而已，为什么要访问通讯录？于是他选择了不允许读取，随即游戏界面自动退出。反复试了两三次后，甲用户卸载了这款游戏。

在北京一家互联网公司从事数据挖掘工作的乙用户，则遭遇过同样恶劣的"默认发布"行为。2017年10月初，乙用户下载了一款职场社交APP。用了不到两周，一位同事收到包含乙用户的真实姓名在内的邀请其下载该软件的短信。"说我标注了他，要想查看需下载，压根没有的事。"看到同事发来的截图，乙用户感到气愤，"领导要是收到怎么办？还以为我在找机会跳槽。"当天乙用户卸载了该软件并注销了账号。

2017年11月15日，国家工信部发布的一份手机APP抽检结果公告显示，有31款软件涉及违规收集使用用户个人信息、恶意"吸费"等问题。

个人数据泄露途径[①]

公家"内鬼"

某私家侦探自曝黑幕——所谓"私家侦探"不过是信息掮客，如果公安、卫生、教育、房管、车管等公职部门，银行、通信、航空、保险等商业服务机构内部没有"内鬼"，私家侦探们纵有再大能耐，要拿到公民的相关核心信息"几乎是天方夜谭"。

私家侦探业在中国是一个饱受争议的行业，在灰色地带游走了20多年。1992年，中国第一家私家侦探机构——上海社会安全咨询调查事务所成立，第二年，公安部就发布了《关于禁止开办"私家侦探所"性质的民间机构的通知》，禁止私家侦探业务。20多年间，尽管政策、法规一直没有对私家侦探开禁，这个行业却仍旧得到了蓬勃发展，从遮遮掩掩走向了公开化。20多年来，随着经济社会的迅速发展，债务与婚姻纠纷日趋增多，由此也形成了对私家侦探业务的旺盛需求。

当然，从诞生初始，这个行业就一直广受诟病，最重要的原因是，他们没有侦查权却对公民展开非法侦查，公民的个人隐私成了他们牟利的工具。

---

① 揭秘公民隐私大泄露之源头：公家有"内鬼". http://www.360doc.com/content/12/1207/14/9742787_252675197.shtml

私家侦探们招揽到生意后，便会根据雇主需求，去找信息中间商。中间商活跃在网络上，尤其是 QQ 群里，在相关的群里，按照宾馆入住信息、航班、房产、车辆、企业登记、通信以及手机定位等各类信息，供应商分门别类，只要花钱，几乎没有买不到的信息。

对于公民个人信息被非法获取、倒卖，有专家认为应该从源头抓起，只要国家机关、企事业单位能建立起足够的监督，查补漏洞，就可以解决个人信息泄露的问题。

理应成为公民个人信息安全港湾的职能部门，屡屡成为公民个人信息泄露的发源地确实发人深省。对 2012 年公安部针对侵害个人信息安全专项整顿以来各地侦破的典型案件梳理后发现，政府职能部门、中介、银行、保险、医院、电信、快递、网站……它们，果真都是泄密大户。垃圾短信、广告推销、诈骗电话……谈及个人信息泄露，人人深恶痛绝，个人信息安全已经成为全社会关注的焦点，同时也似乎成为一个难以治愈的社会肿瘤。

>>> 商业机构

近年来媒体曝光了多起个人信息泄露事件，泄露个人信息的机构涉及银行、房产公司、电信公司、医院等商业机构。在商业领域，贩卖个人信息已然成为半公开的行为。

曾被央视"3·15晚会"重点曝光的某商业机构因非法获取公民个人信息案被起诉。起诉书披露，该公司以"信息数据采购合同"或"商业资讯咨询顾问合同"的形式，购买了包括手机号码、电子邮箱、家庭住址、银行账户、消费记录、婴幼儿情况等各类涉及公民个人的相关信息，用于该公司为其他公司提供的营销推广等服务。仅在一年的时间内，该公司就以约 250 万元的价格购买了总数超过 9 000 万条的各类个人信息。

庭审中首次披露，出卖个人信息的共有 10 多家企业。涉案人称，按照含金量的高低，每条个人信息的价格并不相同，简单的电子邮箱每条只值几分钱，而如果是包括了"车牌号、车款、姓名、手机"等字段的高档车车主信息，每条的价值可能就在 1 元以上。涉案人还称，除了有相对固定的"老客户"定期出卖信息之外，与客户单位交换信息，也是该公司收集个人信息的方法之一。所有你有机会留下个人信息的渠道，哪怕是在餐厅、美容院填写的一张会员卡、在网站填写的注册资料，最终都可能成为搜集、倒卖你个人信息的源头。作为个人信息的需求方，保险公司则更是个人信息的最主要的客户群。

❯❯❯ 金融机构

在泄密大户中，金融机构的监管漏洞最为让人担忧，因为通过这个渠道流出的个人信息最容易被犯罪分子利用，从而给公民带来严重的财产损失。有人正是利用银行内部的"内鬼"，获得了数千份银行客户个人征信报告，由此盗刷他人信用卡300余万元。

犯罪分子获得的征信报告中包含了较为详尽的个人信息，包括客户收入、详细住址、手机号、家庭电话号码，甚至配偶和子女的职业、生日等。掌握这些信息后，犯罪分子及其同伙分别以持卡人生日、电话号码、住址门牌号或者简单的数字组合等来猜取被害人的银行卡密码，猜中概率居然能达到20%！

❯❯❯ 快递公司

迅猛发展的中国快递业，近来也深陷客户信息大面积泄漏危机。由于淘宝信用评级制度，众多小卖家为"刷钻"萌发新招：用真实的快递单号炮制逼真的虚假交易。包含着公民个人信息的快递单号被大面积泄露，甚至衍生出多个专门交易快递单号信息的网站。有记者注册登录一家叫"淘单114"的网站，发现内有海量"单号"销售，快递单号信息的售价从一条0.4元至1元不等，这些"单号"来自多家快递公司。有了"单号"就等于知道了收件人的家庭住址、电话以及购买的物品等，一些不法分子就可以利用这些信息来干一些违法的事情，比如将电脑调包成石头。相关快递企业都在第一时间矢口否认公司泄露单号，但实际上，这些信息大多数可能就来自这些公司的快递员以及淘宝店主。

手机泄密途径[①]

在专家看来，比起个人电脑，手机上个人信息泄露的情况更为严重。手

---

① 手机泄密防不胜防？http://news.sina.com.cn/o/2014-07-25/063930576457.shtml.

机是跟着人跑的，你与谁通话、发短信，短信的内容，你所在的地理位置，你的人际网络等等，可以说全都在手机上。

中国互联网络信息中心（CNNIC）在北京发布的第四十一次《中国互联网络发展状况统计报告》显示，截至 2017 年 12 月，我国网民规模达 7.72 亿人，而手机网民规模达 7.53 亿人，占网民总数的 97.5%，手机已经成为网民的首选上网终端。来自大谷打工网的资料表明，很多基层打工者受工作环境、时间等因素影响，对手机上网的需求远超电脑上网。

2017 年 8 月，某研究团队发布了一项针对国内安卓系统应用程序泄露用户隐私的研究。研究表明，移动互联终端操作系统的开放性或导致大量用户隐私泄露，用智能手机下载应用程序，存在泄露用户隐私的较大风险。

手机应用软件收集用户的个人信息，比较正当的用途多是用于分析用户的行为、偏好、特征、年龄以及地域等，从而改进产品功能。当前泄露最多的是手机号码，一些基于通讯录的软件，会扫描用户的手机通讯录，发现共同的手机好友，就会提示建立联系。但手机通讯录中大部分都是实名且关系密切的人，如果泄露，轻则垃圾短信、电话骚扰不断，重则为诈骗等犯罪行为提供了方便。即使拿不到手机号码，一些软件开发商也可以通过分析手机用户经常上哪些网站、看哪些类别的内容，综合判断出用户的性别、年龄等，这样就可以进行精准营销。关于"个人信息泄露的目的地"，研究表明，65% 的程序会将信息泄露给开发者，38% 的程序会将信息泄露给广告商，还有 12% 的程序将信息泄露给未知第三方。

专家介绍，手机软件收集个人信息的主要途径有三种：第一种是在安装时有授权确认，在使用中涉及用户信息时，再次出现授权确认让用户明确知晓；第二种是在用户下载安装软件时，给出一个提示让用户确认；第三种是没有经过用户任何确认，直接收集信息。

根据《中国青年报》所做的一项调查表明，在手机上下载安装应用软件时，44.4% 的人会仔细看授权说明，40.7% 的人不会仔细看，14.9% 的人表示"不好说"。同时，40.5% 的人会留意使用手机软件的风险，35.6% 的人不会留意。而恶意软件主要通过过度授权的方式窃取用户个人信息。

2017 年 6 月，"爆料达人"斯诺登在接受美国全国广播公司（NBC）晚间新闻主播布莱恩·威廉姆斯的采访时，就出现了如下的对话。

莱恩·威廉姆斯：如果 NSA（美国国安局）对我和我的生活感兴趣，他们能对我的 iPhone 手机做什么呢？能够远程开机、关机吗？

斯诺登：他们能做的可不止这些，还能在你关机后继续控制手机，激活手机的麦克风，对你的一举一动进行监听。

紧接着，一些感兴趣的电脑安全专家就斯诺登爆料的内容进行了验证，发现他并非口出狂言，确实具备技术可行性。

洛杉矶电子硬件工程师艾瑞克·麦克唐纳德称，如果 NSA 电脑黑客事先在被监听对象的手机里植入了某种流氓软件，那么当手机用户关掉手机电源时，手机并不会真正关机，只是进入了一种低电量模式，看上去像关机一样，手机的一些关键通信芯片仍然在后台运行。手机的这种"装死"状态让黑客得以继续控制手机，比如给手机发送指令，激活麦克风，实现监听。手机进入低电量模式后，屏幕是全黑的，你怎么按按键都不会有反应，看上去就像关机一样。如果你不是专业人士，根本就无法辨别手机是否真的关机了。①

>>> 短信验证码攻击②

"因为一条短信，一夜之间，我的支付宝、所有的银行卡信息都被攻破，所有银行卡的资金全部被转移……那是一种一无所有的绝望。"当事人小许，一名大学毕业生，"漂"在北京辛苦挣来的所有积蓄说没就没了。

当时是在地铁里，小许连续收到了几条短信，显示他订阅了增值服务，并且实时扣费，造成话费余额不足。小许说他根本没订阅。随后，小许收到了另一条短信，显示说要退订增值服务，需回复短信"取消 + 校验码"退订，接着他就收到了验证码短信。小许将"取消 + 验证码"发送出去后，却惊讶地发现他的手机彻底无服务了。在有无线网络连接情况下，小许给手机充值了 150 元，然而依然显示无服务。

然后，麻烦开始了。小许的手机在无线网络连接下接连收到了支付宝的转账提示，有人在另一个终端上操作他的支付宝账户！手机无法使用，小许只能通过操作客户端解除了支付宝与三张银行卡的绑定，并且通过亲友打支付宝客服电话冻结账号。等他支付宝挂失成功时，他的支付宝账户也没钱了。

对方还操作了银行跨行转账。小许发现，他的两张银行卡绑定了另一个支付平台——百度钱包，加上小许原本绑定百度钱包的另一张银行卡，他三

---

① 如这几项都符合，说明你的手机已被监控！http：//www. sohu. com/a/197538593_99958889.

② 一条短信带来的悲剧，银行卡支付宝钱就这样没了. http://www. sohu. com/a/69652386_240279.

张卡里的钱全部转入了两个陌生账号。这意味着，就连他的银行账号也被攻破了。

"验证码"骗局到底是什么？攻击者正是在这个绝大多数用户不清楚的"信息盲点"上做文章，"嫁接"业务，编造"剧本"。先是破解密码登录官网，为当事人订阅增值业务并实现扣费；再发送一条诈骗短信，告诉当事人可以免费退订，但要立即回复验证码；重点来了，当事人搞不清验证码在哪，攻击者在网上营业厅发起换卡业务，系统自动向当事人发送验证码，当事人把它回复到攻击者手中；利用验证码，攻击者完成"自助换卡"，进一步对受害者的财产账户发动攻击。

近年来，在个人信息泄露交易愈发猖獗的大背景下，单一的静态信息如账号、密码已经不能保证各类身份验证，尤其是在线支付的安全。因此从银行开始，越来越多行业的安全策略采用了"双因素认证"的理念。简单地说，就是"用户自己知道的信息"这把"钥匙"已经不安全了，必须用随着时间、事件等因素随机产生的一次性密码再加上"另一把钥匙"，同时拥有"两把钥匙"的人才能开一把锁。而这把"新钥匙"从最初的 U 盾、令牌开始，越来越多地"集成"到了智能手机上，短信验证码已经成为如今在线支付"双因素认证"的"必选项"。

据统计，目前全国各地存在着大量的伪信号站，它们可以给覆盖范围内的所有手机发送它们命名的短信，伪造 10086、银行的短信对它们来说轻易就可以做到。因而，首先一定要保证静态密码足够复杂，并妥善保管防止泄露；再者，短信验证码不要告诉任何人！电信运营商和提供相关服务的企业只会将短信验证码下发给用户，绝对不会要求用户通过短信或电话进行所谓"回复验证码"的操作，所以说，任何问你要验证码的人都是骗子。

>>> 手机监控手法[①]

一般而言，监听手机有以下三种途径：

一是手机被安装了监控软件。这样的软件都是隐匿运行的，很难检测到，如果你怀疑自己的手机被监控了，你可以备份手机上的必要软件和数据，然后恢复手机至出厂设置，这样一些未知的或有潜在威胁的软件就会被处理掉。

---

① 如何知道自己的手机是不是被监控了呢？http://www.360doc.com/content/17/1230/06/6710993_717567570.shtml.

二是手机被安装窃听设备。如果手机被植入晶片，窃听者在监听时，你拿起手机不管是玩游戏还是拨电话，按下的第一个按键，会有延迟 1～2 秒的现象。如果是植入软体，则不会有这个情形。因此建议在购买手机、维修手机时，最好到正规专业的店去，手机最好不要借给陌生人使用。

三是手机被植入病毒软件窃听。手机病毒就是一段程序，如果用手机上网，就很容易中毒。中毒后的手机非常"疯狂"，它会造成手机关机的假象，让手机黑屏，键盘失效。中毒手机还可以自动开机，泄露手机所在环境内的一切信息。安卓手机的系统安全性较低，但你可以通过安装安全卫士来防止病毒，如果平常不安装其他奇怪的软件，一般不会被别人监控；苹果手机则是在"越狱"（指的是为获得 iOS 系统的完全控制、使用权限而对 iOS 进行的一种软破解操作）后，安装插件的时候存在这种被监控的风险。

上述是一般市面上约 90% 惯用的手机监听戏法，但是在监听前，需要些准备工作，这些准备工作会导致"窃听者"现出原形，也就是小小破绽。如果你怀疑手机被窃听了，注意查看是否存在以下情况：

（1）手机消失过一段时间。手机监听需要拿"被监听人"的手机来安装，安装是需要时间的，植入晶片需要约一天时间，植入软体需要 3～10 分钟，所以如果你的手机莫名消失过一段时间后回到你手上，要注意是否有被窃听的可能。

（2）通讯录里出现毫无印象的陌生人号码。查看电话簿看看有没有不认识的人出现在你的电话簿里面，如果有的话，那个电话就可能是"窃听者"，这是回拨用的电话号码，也就是"窃听者"用这个手机拨号来窃听，虽然无法知道对方是谁，但把他给删掉就好了。

（3）每个月的短信费用暴涨。手机窃听有一种功能，你的手机在你不知情的情况下会"主动"发短信给"窃听者"，而手机里不会留有任何发过短信的记录，只能从每个月的账单来查，如果你的账单不是自己缴的，那代缴的人就更加可疑了。你发给"窃听者"的短信内容就是：来电去电短信、其他人传给你的短信，你收到后也会自动传一封给"窃听者"；你寄出去的短信，寄出时也会自动传一封给"窃听者"。不过此功能可开可关，如果有打开的话，短信费暴涨是一定的。

（4）SIM 卡被开通了三方通话功能。要监听通话内容，不外乎就是你在讲电话的同时，又有另外一个人打电话进来，通常这样便会电话插拨或者是电话占线；但是如果你的手机有开通三方通话功能，"窃听者"一拨进去就可以直接听通话内容，而你还浑然不知。最好是打电话给你的手机运营商查询一下看有没有被"某人"开通了三方通话功能，如果此功能被关闭，虽然无法得知"窃听者"是谁，但至少通话内容不会再被窃听了。

>>> 手机千万别存这些信息！①

现在，手机已经成为生活中必不可少的工具，不仅可以用来与人即时沟通，还能通过联网获取很多需要的信息。但手机在提供便利的同时，也暗含很多安全隐患，再图方便省事，也不能在手机里保存以下这些信息。

1. 不要保存身份证照片

2017 年 6 月，朱先生报警称手机被盗后，又被人从银行卡里转走了 5 000 元。原来，他的手机并没有密码锁屏，还翻拍了身份证和银行卡照片留存在手机相册内。小偷打开他的微信，选择"忘记支付密码"，通过输入朱先生的身份证号和手机号，对支付密码进行修改，从而盗取了钱财。

手机里不应当存身份证照片。现在很多 APP 都需要进行身份验证，当密码输入不正确时，直接把身份证照片放在手机里，简直就是给了不法分子一个万能密码，转走资金等操作变得更简单。平时在使用身份证复印件时，也要进行签注，防止身份证信息被盗用。

2. 不要保存银行卡照片

2016 年，章先生手下的装修工谭某暗暗记住了他的手机手势密码，趁机偷走手机，进而转出他银行卡里所有的钱。而得手的关键因素之一，就是章先生的手机里有银行卡照片，这部手机的号码还是银行卡的银行"预留号码"，谭某用手机微信成功关联了这张银行卡。

不要为了更好地记住银行卡卡号，而在手机里存放银行卡照片。同时，聊天记录和邮箱里的银行卡照片也要删除，防止被搜索到。手机支付软件及其绑定的银行卡，不宜放太多现金。

3. 不要保存户口簿照片

购房、办护照、办签证、结婚登记、办身份证、办孩子准生证……在生

---

① 这些信息千万别存手机里，有人已损失过万．http：//www.sohu.com/a/222239191_119432.

活中，需要用到户口簿的地方并不少。随着电子化办理的发展，不少人的手机里存有户口簿照片。但实际上，这是一件比较危险的事。户口簿上除了自己的身份证号码、家庭住址，还有家人的身份证号码、籍贯、工作单位等具体信息。这些信息被不法分子利用，可能会进行违法犯罪活动。

4. 不要保存私密照片

不要用手机拍摄私密照片，也不要把照片存在手机里。这种行为不仅会暴露个人隐私，还可能会被不法分子利用，进行敲诈勒索。

5. 不要用手机记录密码

如今，手机里都有备忘录功能以及其他能记录的办公软件。一些人图方便，偶尔会将新设置的银行卡密码、聊天软件密码、邮箱密码等随手记录在手机里，时间久了，容易忘了删除。手机一旦丢失，就会存在密码泄露的风险。

6. 不要保存隐私信息的聊天记录

旅客张女士丢了一部手机，令她没想到的是，自己账号内的 13 190 元钱也被莫名转走。原来，嫌疑人赵某捡到手机后，用简单密码不停拨弄手机，没想到居然用 4 个 "8" 成功解锁手机。随后，赵某翻阅手机里的微信聊天记录，发现了微信和支付宝转账密码。见财起意的他，分 9 次 "清空" 了张女士手机账号上的钱财。

在使用手机时，很多人可能在不知不觉中就记录下了许多个人信息。建议不要在手机里存储敏感信息如家庭住址、联系方式、家庭关系等。为保护隐私，建议定期清理聊天记录。

黑客攻击

》》》 黑客技术

黑客技术这一方面笔者虽然了解过，但并不专业，故在此整理了部分黑客常用的攻击手段，仅供大家参考。

（1）网络扫描。即在 Internet 上进行广泛搜索，以找出特定计算机或软件中的弱点。

（2）网络嗅探程序。通过安装侦听器程序来监视网络数据流，从而获取连接网络系统时用户键入的用户名和口令。

（3）拒绝服务。通过反复向某个 Web 站点的设备发送过多的信息请求，黑客可以有效地堵塞该站点上的系统，导致无法完成应有的网络服务项目（例如电子邮件系统或联机功能），称为"拒绝服务"问题。

（4）欺骗用户。伪造电子邮件地址或 Web 页地址，从用户处骗得口令、信用卡号码等。欺骗是用来骗取目标系统，使之认为信息是来自或发向其所相信的人的过程。欺骗可在 IP 层及之上发生（地址解析欺骗、IP 源地址欺骗、电子邮件欺骗等）。当一台主机的 IP 地址假定为有效，并为 TCP 和 UDP 服务所相信，利用 IP 地址的源路由，一个攻击者的主机可以被伪装成一个被信任的主机或客户。

（5）特洛伊木马。一种用户察觉不到的程序，其中含有可利用一些软件中已知弱点的指令。说到特洛伊木马，只要知道这个故事的人就不难理解，它最典型的做法就是把一个能帮助黑客完成某一特定动作的程序依附在某一合法用户的正常程序中，这时合法用户的程序代码已被改变。一旦用户触发该程序，那么依附在内的黑客指令代码同时被激活，这些代码往往能完成黑客指定的任务。由于这种入侵法需要黑客有很好的编程经验，且更改代码要一定的权限，所以较难掌握。但正因为它的复杂性，一般的系统管理员很难发现。

（6）后门。为防原来的进入点被探测到，留几个隐藏的路径以方便再次进入。

（7）恶意小程序。即修改硬盘上的文件，发送虚假电子邮件或窃取口令的微型程序。

（8）竞争拨号程序。逻辑炸弹计算机程序中的一条指令，能触发恶意操作，自动拨成千上万个电话号码以寻找进入调制解调器连接的路径。

（9）缓冲器溢出。即向计算机内存缓冲器发送过多的数据，以摧毁计算机控制系统或获得计算机控制权。

（10）口令破译，即用软件猜出口令。通常的做法是通过监视通信信道上的口令数据包，破解口令的加密形式。

（11）监听法。这是一个风险很大的黑客入侵方法，但还是有很多入侵系统的黑客采用此类方法。网络节点或工作站之间的交流是通过信息流的转送得以实现，而当在一个没有集线器的网络中，数据的传输并没有指明特定的方向，这时每一个网络节点或工作站都是一个接口。这就好比某一节点说："嗨！你们中有谁是我要发信息的工作站？"此时，所有的系统接口都收到了这个信息，一旦某个工作站说："嗨！那是我，请把数据传过来。"连接就马上完成。有一种叫 sniffer 的软件，它可以截获口令和秘密的信息，用来攻击相邻的网络。

>>> 黑客监控手法

黑客的黑科技比比皆是，普通民众根本无从防范，而有些黑科技被犯罪分子买了去，可能就会对一些老百姓的手机实施监控，从而对其银行卡账号、支付宝账号或密码以及个人信息等实施窃取并敲诈勒索。黑客可以通过哪些渠道对手机进行监控呢？

一是通过全球定位系统（GPS）网络渠道。手机只要有 GPS 模块就可以实现，并且定位的精确度很高。我们平时用的××打车、××地图等，用的就是基站 + GPS 协同定位。当然，GPS 仅限于室外定位，室内误差较大。看过《人民的名义》的朋友应该记得，剧中追踪丁义珍时就是通过追踪他的手机 GPS。

二是通过 Wi-Fi 渠道。手机打开 Wi-Fi 功能后，无须连接到 Wi-Fi，就可以准确定位。当手机开启 Wi-Fi 时，它会扫描并收集周围路由器的 Wi-Fi 信号，不管强弱，只要有，都能扫描到。每一个 Wi-Fi 热点都有一个独一无二的地址，服务器再检索每个 Wi-Fi 热点的地理位置，然后根据信号强弱程度的不同，计算出手机的地理位置。这种方式更适用于室内，精度小于 10 m。

三是通过基站定位。只要你的手机有信号，就会自动连接信号最强的基站，所以通过基站定位就可以查到手机的位置信息。而每张 SIM 卡的电话号码都是唯一的，当你的手机连接基站信号时，这个数据就会被记录上传，所以根据你的手机连接过哪个基站，也能查出你大概的位置。但是基站定位一般误差较大，为 100～300 m。

AI 犯罪[①]

　　人工智能（AI）开始进入我们的生活，栖息在智能音箱或者手机里的它们，是能够给你放音乐、陪聊天的助手，而在互联网的灰色地带里，它们也正成为犯罪分子的帮凶。

　　2017 年 9 月，浙江绍兴警方公布，破获全国首例利用 AI 技术窃取公民个人信息的案件，截获了 10 亿余组公民个人信息。被警方查封的平台叫作"快啊"，曾经是市场上最大的打码平台。他们在破解、窃取、贩卖和盗用个人信息实施诈骗上有着完整的链条，其中 AI 技术运用在识别验证码这个环节。

　　一般而言，黑产（即黑色产业，是指利用病毒木马来获得利益的一个行业）最初盗取的账号密码信息往往是"粗糙"的。但由于人们的同一个邮箱，通常也是多个网站的登录账号，同样的密码往往也在多个网站使用。因此黑产会通过利用已有的账号密码信息，去批量尝试这些账号密码能否在更多不同的平台上登录。这个过程被称为"撞库"，而撞库的过程中最主要的障碍就是各个网站设置的验证码。黑产使用的 AI，就是用来应对这些验证码的。

　　验证码是各个网站用来对抗网络黑产恶意登录等行为而设置的安全策略。验证码的全名是"全自动区分计算机和人类的图灵测试"，由卡内基梅隆大学的路易斯·冯·安（Luis von Ahn）提出。图灵测试，顾名思义，验证码的目的是识别网络请求的发起方是人类还是机器。因此早期的验证码就是网站提出一些问题，这些问题不能被机器破解回答，又得能够被人类轻易答对。

　　网络黑产在撞库时，他们就会将所遇到的海量验证码"打码"任务交给"打码平台"去完成。根据某安全团队的介绍，网络黑产撞库时与打码平台是这样合作的：首先黑产把已窃取的账号密码信息导入到撞库软件，撞库软件模拟登录协议，向互联网公司的服务器发送登录请求。服务器检测到登录

---

　　① 全国首例 AI 犯罪案：能识别 98% 的验证码，泄露 10 亿多组个人信息. http://baijiahao. baidu. com/s?id = 1581395472909708174&wfr = spider&for = pc.

异常时，会通过验证码来进行拦截；撞库软件将收到的验证码图片发送给"打码平台"，请求将图片转化为字符。打码平台后台破解验证码，将字符结果返回给撞库软件，完成撞库流程，得到更多的用户信息。随后这些信息可能被贩卖、用于诈骗犯罪等。

早期的打码平台是通过众包让分布在各地电脑前的打码小工来完成的，后来进化到了"人工＋OCR 降维识别图片"。随着互联网公司对验证码识别难度的升级，"人工＋OCR 降维识别图片"的识别率在降低，因此像"快啊"这样的打码平台就开始运用 AI 技术训练机器，提高识别验证码的精度和效率。机器学习的发展，让字母、数字组成的知识性验证码被识别和破解的风险日渐增大，但这种验证码依然是主流。据警方公布，这次抓捕的团伙所使用和训练的 AI，已经能够识别出 98% 以上的验证码。

中国互联网协会发布的《中国网民权益保护调查报告 2016》显示，在 2016 年，我国 6.88 亿网民因诈骗短信、信息泄露等造成的经济损失约为 915 亿元。全国平均每个人的个人信息至少被泄露了 5 次。

对于网络黑产而言，AI 技术就是他们所发现的一把更加好用的枪支。技术本身是不分善恶的，只是看如何去运用它、在哪些情景使用它。使用 AI 犯罪，其源头依然是人类本身。

总而言之，攻防双方的对抗是一直在迭代升级的。在 AI 使用的争议上，埃隆·马斯克（Elon Musk）则是一次一次地向公众发布自己的顾虑和警告。

早在 2014 年 8 月，马斯克就通过推特说：AI 可能比核武器还要危险。2017 年 8 月，马斯克与谷歌旗下 DeepMind 联合创始人穆斯塔法·苏莱曼（Mustafa Suleyman）以及 26 个国家的一百多名人工智能领域专家共同向联合国发表了一封联名信，希望能禁止有关杀人机器人的研究和使用。霍金也曾预言，2040 年，AI 的犯罪率将超过人类。

2015 年，埃隆·马斯克创立人工智能公司 Open AI，并宣布会开源共享包括深度学习技术在内的研究成果。在 Open AI 成立前后，谷歌宣布开源 TensorFlow 人工智能引擎，Facebook 宣布开源 Big Sur 深度学习计算机服务器的设计。先进技术的获取，似乎也随着开源而变得简单。

就像农药 DDT 能够让农业种植增产，也能让人们患病；核技术能够用来发电，也能够做成导弹武器。新技术让人类更轻松，也会造成新的社会问题。人工智能也不会例外，例如 AI 可以在医疗方面提供新的可能性，也能被运用在军事领域，制造成武器。

随着人工智能的普及，我们会发现它们在很多方面比人类更聪明、高效，这个过程一开始是悄无声息的，只有蛛丝马迹可寻，但当到了某一个拐点，我们就会发现这个趋势不可逆转。

建立政府保护伞[①]

法律界人士称，在中国现实社会环境中，要遏制个人信息泄露，政府负有最重要的责任。政府需要重视保护公民个人信息，以强制力规范政府机关和商业机构的行为。尽管近年以来公安部门重拳打击个人信息贩卖现象，也有重大案件成功侦破，但个人信息泄露并没有得到有效遏制，各种受害案件层出不穷。在发达国家的成熟社会，个人维权、商业诚信、政府管理编织蛛网般的保障体系，维护个人信息安全。当下中国社会，如果个人维权、商业诚信尚需培育，那么，政府高压管理则成为保护个人信息安全的最重要防线。

>>> 保护机制

事实上，"个人信息"本身是一个相对模糊的概念，现有法律并没有对它有明确的界定，而在社会共识中，个人信息的哪些信息可以公开、公开的范围多大，也随着社会发展而不断变化。"很多年前，如果我们的电话号码被公开，我们就觉得自己的信息被公开了，隐私权有可能受到侵犯。但到今天，我们觉得电话号码被公开是可以被接受的。"张军律师认为，生活在现代信息社会，如果要想做到个人所有信息都不公开，是不现实的。但是，像家庭地址、社会保险号、子女情况等有可能危及安全的个人信息泄露，则不能被容忍。"个人信息全部不公开，带来的麻烦可能更大。所以一定要找一个大家都能够接受的平衡。"

个人信息泄露俨然已经是众人愤恨的目标，但面对这种现象，每个人却深感束手无策。在法制健全国家，个人信息的保护，很大程度上依靠公民的个人维权。"现代社会已经进入报案社会，个人不报案，警察一般不会主动调查，所以需要公民个体维护自己的权益。"张军律师说。但在中国现实环境

---

① 黄祺. 政府应做保护伞［J］. 新民周刊，2012（47）：28－30.

中，个人报案却十分罕见，就连"房婶"这样已经深受个人信息泄露之害的人，也未见得会采取法律手段维护权益。

大多数人虽然深受信息泄露的困扰，但并没有因此带来生命财产的损失，因此，即便报案也可能无法得到受理。为了弥补"空隙"，美国联邦通信委员会（FCC）接受未造成损失的信息泄露报案。"网络的发展很快，政府监管总有滞后的地方，FCC有一个调查机构，给予不同案件不同的优先待遇，没有损失有现象，也欢迎你报案，他们会对这种犯罪形式进行研究，避免其他人因此而蒙受损失。"张军律师介绍了美国的做法，不过他坦言，要形成这样的保护机制，中国还需要时间，这是一个系统工程。另一个保护个人信息安全的屏障，是商业诚信。在中国，不少商业机构已经学会在商业合同或者协议上注明"个人信息仅限于某用途"，但他们是否真能兑现承诺，则要打上大大的问号。

除了商业诚信，充分的市场竞争其实可以让商业机构自觉地重视对客户个人信息的保护。张军律师就曾接到了信用卡公司的电话，询问他是否在美国靠近墨西哥的一座小城加油站消费过。信用卡公司通过跟踪张军的消费习惯，怀疑他的信用卡遭遇盗刷，因此致电确认。张军接到电话确认信用卡被盗刷，信用卡公司立即启动保护程序，避免了客户的财产损失。在竞争激烈的市场上，一家公司推出保护个人信息安全的措施，将为它赢得客户的信任和商业利益，而那些光想赚钱而不保护个人隐私的公司，一定会在竞争中被淘汰。

>>>司法介入

违法成本低，是目前中国个人信息泄露猖獗最直接的原因。个人信息泄露违法行为愈演愈烈的原因可总结为受害人数多、范围广、分散、维权成本高，因为这些原因，受害者防范意识反而降低，使得违法者的违法成本降低。简言之，对于泄露个人信息的源头来说，贩卖个人信息并没有多少风险。尽管各种案件浮出水面，但对泄露信息责任人的追责却未见严厉。

2009年通过的《刑法修正案》中新设了"非法获取公民个人信息罪"，但在很多案件中，这条法律被一些法律界人士评价为"形同虚设"——判罚不重，且将很多常见的非法行为排除在外。关于出台《个人信息保护法》的呼吁从未间断。2003年国务院信息办启动《个人信息保护法》的研究课题，2005年《中华人民共和国个人信息保护法（专家建议稿）及立法研究报告》

出版，但时至今日，并未有专门法出台。

有学者撰文认为，专门立法未能出台，并非是立法部门懈怠使然，就个人信息保护立法而言，这一部一般性法律要无缝对接《民法通则》《民事诉讼法》及《侵权责任法》等原则规定，就得先对更基本的法律作出相应的修改和补充，这涉及冗长的立法周期，其中在隐私权保护的力度及诉讼成本上要先作相当大的修改，这也牵涉到宪法性权利的修改，否则就形成"下位法大于上位法"的法理冲突。另一方面，涉及多个产业的跨部门立法活动，在中国目前的立法模式下，参与部门越多，协调会越难，立法所耗费的时间会越长。[①]

因此，该学者认为应该绕开隐私权法理与民事诉讼上的纠结，直接从现有《刑法》上对侵害个人信息罪的规定入手，推动行政处罚末端体系的建立，从而推动个人信息的国家保护力度的提升。

这样的看法代表了法律界的共识：在公民维权和商业诚信有待培育的社会现实环境中，要遏制个人信息泄露，政府必须承担重任，以行政力推动各种机构的行为，堵住信息泄露的源头。要有效解决个人信息安全问题，必须围绕着"人"这个安全主体：一是必须提高广大市民的个人信息安全素养，包括个人信息安全意识和个人信息安全能力；二是要打造全方位、立体化的个人信息安全环境，包括加紧立法、严格执法、强化社会监督和行业自律、加大信息安全普及教育力度、培养信息安全专业人才等，尤其是加快《个人信息保护法》等我国保护公民个人信息安全的系统性法律立法进程。

>>> 信息不对称

在普通人抱怨自己的信息轻易被当作商品在市场上流通的同时，政府公职人员应受监督的信息却难以公开。比如由于微博的兴起，多名政府高官被网友揭发拥有巨额财产，最终，"表叔""房叔"等各类贪官被查实贪腐问题。但遗憾的是，网友揭发的证据很可能来自非法的渠道，而如果通过合法渠道，普通人则难以获得这些信息。

"政府公职人员与普通人享有的隐私权是不同的，既然你选择成为公职人员，就有责任将一部分个人信息公开，接受公众的监督。"张军律师介绍说，

---

① 中国人生活在"全裸"时代：个人信息遭严重泄露. http://discovery.163.com/12/1207/11/8I4C3IQD000125LI_all.html.

美国最高法院对公务员的隐私权的判例有很多起，特别是高级别的公务员也就是官员，更应该公开部分个人信息。最典型的案例是，"水门事件"以后，司法机关对时任总统尼克松进行调查，尼克松申请享受一部分隐私权，但被法院否定。

在包括中国香港、新加坡等以廉政闻名的地区和国家，官员财产已经做到向公众公开，公民随时可以查询官员财产信息并质疑其真实性。呼吁多年后，中国官员财产公开制度并没有变成现实，某些部门实行"内部申报制度"，但这种缺少监督的申报，在大多数人看来形同虚设。

当公职人员和普通人之间的隐私权差别得不到认可，横亘其上的个人信息边界也就无法厘清。与之相伴的则是个人信息保护始终流于个案查办，而无法上升到制度建设。

培育个人信息安全自我保护素养

网络无疑给现代人带来极大的生活便利。但有多少人想过，当你在浏览网页、发微博、聊天甚至是玩手机游戏的时候，你的很多个人信息，如手机号码、家庭住址、工作单位等，很可能已经在不经意间被自己"主动"泄露了。在这样一个"无网不欢"的时代，个人信息沦陷，人人都有可能"裸奔"。

一如恐怖主义构成21世纪全球安全新的威胁，在大数据时代，个人信息安全威胁不亚于恐怖主义。与恐怖威胁不同的是，个人信息安全威胁就在每个人身边，它是一个社会问题，不是每个人都会经历恐怖威胁事件或成为恐怖袭击者，但在个人信息安全威胁生态中，每个人都是受害者，当然也很容易成为危险的制造者。

实际上，国家为了加强个人信息安全保护，在积极推动社会加大发展信息安全保护技术外，也在不断加强信息安全立法，如2017年6月起实施的《网络安全法》等。但是，法律制定的速度往往跟不上网络技术的快速发展，具有滞后性，况且仅靠立法保护来实现全民信息安全，无异于天方夜谭。所以，为减少网上个人信息安全风险，最重要的还是在于公民提高个人信息保护意识,培育全民信息安全自我保护和风险识别素养①。

>>> 隔离个人信息

　　个人信息保护的前提是隐私权保护。对中国人来说,现代意义上的隐私概念是个舶来品。隐私权属于近代之后发展起来的一种权利,在近代之前,世界并不存在隐私权。为何近代之后出现这种权利? 这是因为在现代社会,有关个人数据信息大量集中并且很容易相互关联,这种集中利用个人信息一旦出现问题,将给社会秩序带来重大影响。这也是今天个人数据信息为何变得日益敏感的原因之一。

　　现代个人信息保护法,是在电子技术发展以后的产物。20 世纪 70 年代,美国着手制定信息隐私保护法。当时美国《个人资料系统:记录、电脑和公民权利》报告中含有保护隐私的五项原则:个人有决定如何利用其个人档案的权利;个人有知悉其个人信息被如何使用的权利;信息管理者对个人信息的目的外使用必须经过信息主体明确同意;个人有权查阅和修改自己的个人信息;信息管理者应该确保个人信息档案的安全。

　　哪些是个人信息保护法保护的个人隐私呢? 综合世界各地个人信息保护法的内容,以下 3 类个人信息应受到保护:第一类,个人基本状况,如姓名、住址、电话、电子邮箱、出生日期、国籍等;第二类,敏感性数据,如种族、民族、宗教、出生地、政治思想、参加工会、思想信条、病历、性生活、犯罪经历;第三类,其他数据,如个人收入、资产、债务、消费行为、住宅保有情况、体能测定记录、健康状况、家庭构成、朋友、经历等。

　　当某计算机中涉及这些重要信息时,最安全的办法就是将该计算机与其他上网的计算机切断连接,这样可以有效避免被入侵后,个人数据隐私权受侵害和数据库的删除、修改等带来的经济损失。换句话说就是,用来上网的计算机里最好不要存放重要的个人信息。

　　还有就是,传输涉及个人信息的文件时,可以使用加密技术。用密码技术将信息隐蔽起来,再将隐蔽后的信息传输出去,那么即使信息在传输过程中被窃取或截获,窃取者也不能了解信息的内容。比如发送邮件,只要其中涉及重要信息,我们就要加密。不妨先发一封加密信,接下来再发密码。同

---

　　① 培养个人信息安全自我保护素养. http://news.sina.com.cn/sf/expert/ls/2017 – 10 – 13/doc – ifymvuys8589143.shtml.

样，所有个人信息都可以采用加密发送的方式，不向无关人员透露完整的信息。调研报告显示，"最容易泄露的个人信息"的前三位分别是"身份证号码""联系方式"和"个人自然情况"。这些都是我们需要高度注意加密的个人数据信息。

当然，有人会觉得这样做会很麻烦，但是重视个人信息和隐私，既是保护自己，也是造福他人。在日本，图书馆工作人员不能泄露借阅者借阅书目，医生不能透露患者的身体状况，餐厅服务员不能透露顾客喜爱的菜谱。他们对隐私权的保护已不仅仅是法律的要求，长期的耳濡目染让保护隐私成为他们的一种本能。

>>> 减少数据共享

有媒体报道称，成都市的一位母亲因为在微博上晒了一张儿子的获奖照，结果让歹徒查出孩子的班级等信息，从而将孩子骗走绑架索要 10 万元。有人根据某明星微博上的几条信息，借助谷歌地球等公开软件，很容易就推断出明星的住址。很多朋友都喜欢在微博、QQ、微信等上面签到、晒行程、晒照片，说者无意，听者有心，如果真有人别有用心，你就会面临着非常高的潜在危险。

如今社交网络风靡，许多网站在要求实名制的前提下，还希望用户能关联其邮件、QQ 和微信账户等，美其名曰更准确地为用户推荐可能认识的好友。还有一些网站为方便用户注册，可通过关联微博账户、QQ 账户等方式做到一键登录。要知道，一旦网站获得授权，共享了个人提供的一切信息，一些个人信息以及交际圈就极有可能完全暴露给该网站。便利和个人信息安全，就好比"鱼与熊掌不可兼得"。个人尽量不要做任何网站的关联，每个网站都有独立的用户名和密码。虽然麻烦，但是这样做就大大减少了信息泄露的风险。也不要轻易在网络上留下个人信息，网民应该要小心保护自己的资料，不要随便在网络上泄露包括电子邮箱等的个人资料。

减少在网络载体和媒体平台上提供更多的个人信息，减少随意点入陌生的网络链接，减少利用人情绑架网上亲朋好友，这应该成为大数据时代每个公民的安全常识。

数字化生存

　　"数字化生存"是由美国学者尼葛洛庞帝在《数字化生存》一书中首次提出的。随着数字、网络技术的快速发展和广泛应用，它正在成为现代人的一种生存方式和生存状态，并正在变革我们的学习方式、工作方式和娱乐方式。对于个人而言，也要积极适应这个已经无所不在的数字化时代。

善待新生代网民

　　在赫拉利《人类简史》和《未来简史》这两本书中，对"人从哪里来，到哪里去"这些哲学问题试图进行解答，但是对人类的生存命运给出了悲观的结论："人类将会失去在经济和军事上的用途，经济和政治制度将不再继续认同人类有太多价值"，但是"某些独特的个人有价值，这些人将会是超人类的精英阶层，而不是一般大众"。

　　网络已经成为现代人获取信息、办公娱乐的重要工具。如今，上网早已从昔日高端人群的专利，转变为普通大众的生活部分。对于某些人群而言，上网甚至是他们了解信息、与外界沟通的最重要渠道。

　　例如东莞这个工厂林立的城市，在那高高的工厂围墙之中，生活着数以百万计的工人，他们中的许多人学历不高、涉世未深、工作辛苦、缺乏娱乐。上网，是很多工人在休息时间最喜爱的消遣方式之一。玩游戏、上网聊天，这让他们突破了狭窄的生活圈，获得了成就感和心灵满足。在未成年人被禁止到网吧上网之后，工厂工人无疑成为网吧最大的消费群体。工厂青年，年纪轻轻不谙世事，对上网有着极大的热情，甚至在不能待在网吧的时候，他们也会用手机与网友继续未尽的话题。网络虽然有诸多好处，但其匿名性特点，也让其成为不法之徒最好的欺诈工具。正如一句网络名言说的，"你永远不知道网络那头是不是条狗"，在不法之徒网络上的花言巧语引诱下，一些年纪轻轻的工人被网友骗财、骗色、骗入传销团伙……这样与网络相关的惨剧越来越多地见诸报端，也引起了人们越来越多的关注和担忧①。

对于现在的年轻一代工人而言，每年尽可能多挣钱寄回家已不再是他们的唯一追求。他们希望在多赚钱的同时，也能够拥有更加快乐的人生、更加高的社会地位、更加好的生活品质。网络，无疑是满足他们需求的虚拟途径。对于愿意下功夫钻研技术知识的工人而言，网络上有海量的信息和学习资源可以辅佐他们走向成功；但对于更多的人而言，他们青睐于用更轻松的方式来享受成功的快乐，即在虚拟的游戏世界中取得成功。然而，一些对网络游戏过于热衷的工人却发现，自己对现实世界的兴趣已大大减少，更有甚者已将游戏世界当作自己的主要生活目标，现实世界则被当作苦苦支撑赚钱以解决虚拟世界开销的手段。

随着精英阶层控制越来越多的财富，自动化的发展使得基层岗位越来越少，未来工人阶层如何生存？看看经济数据，你会发现形势并不乐观：精英阶层正在不断吸收财富，而自动化的机器正在消除越来越多的基层工作。正如某些经济学家发现的那样，在当今那些没受过大学教育的人退出劳动力大军的时候，他们大多会选择玩游戏。

这感觉像是将会发生的事情。当人生变得像是游戏的时候，人们也只能去玩游戏了。

>>合理预测犯罪

在数据时代，对于人和机器的关系和未来，应该会有不同于以往的认识。不管未来会有怎样的特征，数据作为最重要的驱动力量都会扮演关键的角色。电子科技大学周涛教授在《数据时代的伦理困境》②一文中提出：虽然数据的安全和隐私最受关注，但是数据加上算法所带来的伦理问题，也要引起社会各界的重视，因为数据的采集者和算法的设计人员很可能存在一些他们自己都意识不到的偏见，由此可能会带来预测和现实之间产生截然相反的结果。比如，通过数据和算法，机器预测根据的是犯罪的概率，然而在嫌疑犯还没有实施犯罪行为时，嫌疑犯应该遭受惩罚吗？

在《大数据时代》一书中讨论过一个可能的情形，就是当智能机器预测

---

① 东莞工人网民的网络人生：清醒后方知黄粱梦. http：//tech. qq. com/a/20090706/000123. htm.

② 周涛. 数据时代的伦理困境. http：//blog. sciencenet. cn/blog - 3075 - 1013066. html.

到你将在某时某地犯罪，就可以在你还没有实施犯罪的时候逮捕你。当然，这是一个极端的情况，实际上并没有发生过。然而已经存在的社会现实就是，美国政府会根据历史数据和人脸识别算法，对每一位航空旅客是恐怖分子的嫌疑度进行打分，一些无辜的人因为疑似恐怖分子或者近期有较高从事恐怖活动的可能性，而经常在机场被羁留检查，甚至多次错过飞机。因此，尽管你不太可能因为没有犯过的罪行而被逮捕，但是在美国完全有可能因为被智能算法甄别为高度危险者而被强制带回警局协助调查。

智能化的方法的确能够降低犯罪率，但是这里面一个核心的伦理问题就是"是否应该为尚未发生的一种可能性付出代价"。在火车站等人流量大、诈骗犯罪高发的场所，一些漫无目的走来走去的人，就会让便衣盯梢甚至盘查，因为这些人往往就是智能算法所定义的高危人群。此外，系统设计人员带来的初始偏见，有可能随着数据的积累以及算法的运转慢慢强化放大。比如在一些犯罪识别专家系统中，某个地区的人员某种犯罪率较高，这个地区的人员都会被赋予较高的权重。真实情况实际上要复杂很多，系统设计人员在选择特征的时候，受限于初始数据和个人经验的局限性，可能会成为制造一个"有偏见系统"的第一推动力。

更进一步，在大量个人数据的支撑下，算法的分析可以是完全个性化的。很可能，有一些完全无害的行为或其他特征，仅仅因为它们和犯罪分子有相似之处，就会让人为之付出代价。比如在机场甄别恐怖分子的问题，一个人如果留大胡子，被单独羁留检查的概率会大大提升——对于一个仅仅是喜欢大胡子的无辜人士而言，他应该怎么选择？

大数据时代，有人得益，有人受损。毫无疑问，我们都将会被大数据所改变，无可避免。

五、从"积少"到"成多"
如何量化个人大数据产权？

■数据是人们的一项基本权利，积累数据要成为一种习惯，一种美德；数据"积少成多"，就会打开财富之路。网络世界每个人的一举一动都蕴含着数不清的价值，因此应坚持数据所有权属于个人创造者的原则，任何数据开发利用均要经过个人所有者许可、确保个人隐私安全，并将开发收益部分返还给数据所有者。任何组织和个人不得无偿、无耻、无限利用他人数据营利，不得把数据所产生的价值据为己有。为了充分贯彻数据财富权力理念，提出"数说"（即数据说话）的概念，其核心理念就是"精彩人生，数据说话"。

给数据估值

已逝的前奥委会主席萨马兰奇曾说,金钱、体育、艺术、战争和性是人类的五种通用语言。而金钱——这个影响我们生活最多的东西——它的度量标准是没有价值的,我们十年前挣的 10 块钱跟今年挣的 10 块钱比没有任何意义。现在,有很多数字世界的人对货币发行提出了异议,比如中本聪提出了比特币,拥护它的是密码爱好者,是极客,也是一批离数字世界比较近的人。

获利信息估值法

无论数据向公众开放还是深藏在公司保险柜中,数据的价值都难以衡量。2012 年 5 月 18 日星期五,28 岁的 Facebook 创始人马克·扎克伯格敲响了纳斯达克的开盘钟。这家宣称约每十人中就有一人是其用户的全球最大社交网络公司,开启了上市公司的征程。

上市的前一晚,银行对 Facebook 的定价是每股 38 美元,总估值 1 040 亿美元(大约是波音公司、通用汽车和戴尔电脑的市值之和)。事实上 Facebook 的价值多少呢?在 2011 年供投资者评估公司的审核账目中,Facebook 公布的资产为 66 亿美元,包括计算机硬件、专利和其他实物价值。那么 Facebook 公司数据库中存储的大量信息,其账面价值是多少呢?零。它根本没有被计在其中,尽管除了数据,Facebook 几乎一文不值。

但是,加特纳市场研究公司的副总裁道格莱尼研究了 Facebook 在 IPO 前一段时间内的数据,估算出 Facebook 在 2009 年至 2011 年间收集的 2.1 万亿条"获利信息",比如用户的"喜好"、发布的信息和评论等。与其 IPO 估值相比,这意味着每条信息都约有 4 美分的价值。也就是说,每一个 Facebook 的用户价值约为 100 美元,因为他们是 Facebook 所收集信息的提供者。[①]

那么,如何解释 Facebook 根据会计准则计算出的价值(约 63 亿美元)

---

① 维克托·迈尔·舍恩伯格. 大数据时代 [M]. 周涛,译. 杭州:浙江人民出版社.

和最初的市场估值（1 040 亿美元）之间会产生如此巨大的差距呢？人们开始普遍认为，通过查看公司有形资产的"账目价值"来确定企业价值的方法，已经不能充分反映公司的实际价值。实际上，账目价值和市场价值之间的差距在这几十年中一直在不断扩大。在确定现行财务报告模式的 20 世纪 30 年代，美国的信息类企业几乎不存在，现行的财务报表模式与现状的差异不仅会影响公司的资产负债表，如果不能正确地评估企业的价值，还可能给企业带来经营风险。

公司账目价值和市场价值之间的差额被记为"无形资产"。20 世纪 80 年代中期，无形资产在美国上市公司市值约占 40%，而在 2002 年，这一数值已经增长为 75%。无形资产早期仅包含品牌、人才和战略这些应计入正规金融会计制度的非有形资产部分。但渐渐的，公司持有和使用的数据也纳入了无形资产的范畴。

Facebook 上市前后，其正规金融资产与其未记录的无形资产之间的差距相差了近 1000 亿美元，差距近 20 倍！但随着企业找到了资产负债表上记录数据资产价值的方法，这种差距有一天必将消除。

人们正在朝这个方向前进。许多上市公司高级管理人员透露，数据持有人在认识到数据的巨大价值之后研究是否在正式的会计条款中将其作为企业资产。但公司的法律顾问可能会加以阻拦，因为把数据计入账目价值可能使公司承担法律责任，大家都很清楚数据价值其实并不完全属于公司，一旦公开会面临无数用户进行索取的风险。

》》 潜在价值估值法

拥有数据或者能够轻松收集数据的公司，其股价会大幅上涨；而其他不太幸运的公司，就只能眼看着市值缩水。因为这种状况，数据并不要求其价值正式显示在资产负债表中。尽管存在诸多困难，市场投资者还是会给这些无形资产估值。随着会计制度和数据法律制度的完善，几乎可以肯定的是，数据价值终将会显示在资产负债表上，成为一个新的资产类别。

如何给数据估值呢？计算数据价值不再是将其基本用途的简单加总，因为数据价值大部分是潜在的，需要从未知的二次开发利用中提取，这的确有点难以估量。这难度类似于 20 世纪 70 年代期权定价理论出来前的金融衍生品的定价。数据价值估算类似于专利估值——随着各种拍卖、交流、私人销售、许可和大量诉讼的出现，一个知识市场正在逐渐兴起。如果不出意外，给数据的潜在价值估算将会给金融部门带来无限的商机。

无形资产估值法

大数据要真正资产化，用货币对海量数据进行计量是一个大问题。尽管很多企业都意识到数据作为资产的可能性，但除了极少数专门以数据交易为主营业务的公司外，大多数公司都没有为数据的货币计量做出适当的账务处理。

虽然数据作为资产尚未在企业财务中得到真正的引用，但将数据列入无形资产的好处不言而喻：考虑到研发因素，很多高新技术企业都具有较长的投入产出期。通过让那些存储在硬盘上，以 GB、PB 为计量单位的数据直接进入资产负债表（对于通过交易手段获得的数据，按实际支付价款作为入账价值计入无形资产），可以为企业形成有效税盾，降低企业实际税负。

资本增值估值法

资本区别于一般产品的特征在于，它具有不断增值的可能性。如果不能为企业带来经济利益，再海量的数据也只是一堆垃圾。只有能够利用数据、组合数据、转化数据的企业，他们手中的大数据资源，才能成为数据资产。根据某证券机构的研究报告，目前直接利用数据为企业带来经济利益的方法主要有数据租售、信息租售、数据赋能三种模式。其中，数据租售，主要是通过对业务数据进行收集、整理、过滤、校对、打包、发布等一系列整理，实现数据内在的价值。信息租售，则是通过聚焦行业焦点，收集相关数据，深度整合、萃取及分析，形成完整数据链条，实现数据的资产转化。数据赋能，是指类似于阿里巴巴这样规模的互联网公司，通过提供大量的金融数据挖掘及分析服务，为传统金融行业难以下手的小额贷款业务开创新的行业增长点。

总而言之，大数据是"工业时代的价值思维"的批判，也是对泛互联网时代"创新式资产变革"的回应。作为信息时代核心的价值载体，大数据必然具有朝向价值本体转化的趋势，而它的"资产化"，或者未来更进一步地向"资本化"蜕变，将为未来完全信息化、泛互联网化的商业模式打下基础。

数据资产增值

》》》 创新商业模式

大数据资产化是未来大数据产业商业模式的重要因素。资产化之后，信息部门将直接产生现金流，可以成立事业部独立核算，也可转向利润中心。未来大数据会渗透各个行业，逐渐成为公司和组织的战略资产。公司和组织拥有大数据的规模、价值，以及分析、挖掘大数据的能力，会极大影响公司和组织的核心竞争力。大数据资产化将深刻影响未来大数据产业乃至整个信息产业的产业环境结构。掌握大数据资源和大数据分析技术的公司和组织将改变自身在产业环境的位置。大数据领域中对于数据所有权和其产生的利益分配问题将会在发展中逐渐完善，坚持以大数据为核心的商业模式会在资本市场中受到广泛欢迎。

大数据资产化是数据所有权建立的工具。大数据所有权在法律上是一种财产权利的归属问题，只有大数据资产化之后才具备财产的属性，才能规定其各种权利和对其所产生的权利进行法律保护。不同类型的大数据有着不同的特点，所有权的界定也就有所区别。通过大数据资产化，可以把这些抽象的特征具体成资产的不同属性，使所有权的不同易于理解，也就是所有权变得明确。当今社会立法和行法大都是基于对财产的相关权利，否则，没有财产损失变动，处理法律纠纷总是一件困难的事。大数据作为一个新事物，以资产的形式出现会更容易被人普遍接受，同时方便计量和交易。

》》》 资产保值增值

数据既然具备资产的属性，也就存在着折旧损毁和保值增值的问题。如何让数据资产实现保值增值呢？通常在资产负债表的资产项上，财务人员喜欢按照资产的流动性将资产从上至下进行排列。与之相类比，决定数据资产价值的则是数据的规模、活性，以及收集、运用数据的能力。因此，要实现数据的保值增值就要从扩大数据规模、提高数据活性、提升收集运用数据的能力三个方面入手：

一是扩大数据规模。尽管大数据技术层面的应用可以无限广阔，但是受制于当前阶段数据收集和提取合法性方面的限制，能够用于商业应用、服务于人们的数据要远远少于理论上大数据能够采集和处理的数据。另一方面，单体企业仅仅基于自己掌握的独立数据很难了解产业链各个环节数据之间的关系，对消费者做出的判断和影响十分有限。因此，只有充分发挥大数据生态圈中各企业的协同效应，建立起数据交换机制才能有效地扩大数据规模。当前阶段，很多需要共享数据的企业间竞合关系同时存在，企业在共享数据之前需要权衡利弊，避免在共享数据的同时丧失竞争优势。

二是提高数据活性。我们知道，数据类型繁多和价值密度低是大数据的重要特征。只有数据所有者们围绕核心业务需求构建起数据间的关联关系，才能提高那些不同来源获取的结构化与非结构化数据的活性。例如，对于数字营销中关键的业务环节——消费者画像，建立起统一的用户识别标识后，才能把众多环节收集的数据整合到一起，更加全面地了解用户。与结构化数据相比，非结构化数据由于其难以用传统数据库的二维逻辑表来表现而被放弃。国际数据公司（IDC）的一项调查报告中指出：企业中80%的数据都是非结构化数据，这些数据每年都按指数增长60%。显然，加强对非结构化数据的重视程度对于提升整体收集运用数据的能力效果显著。另一方面，伴随着技术发展，传统的数据处理流程已不能满足业务需要，提高数据处理速度势在必行。例如，O2O模式对用户数据实时处理有着极高的要求：用户数据伴随用户行为产生，这些数据往往是高速实时数据流。而且O2O业务周期短，这需要实时地分析用户数据并根据分析结果对用户进行个性化服务，通过传统的数据库查询方式得到的"当前结果"很可能已经没有价值，必须提升对这类数据的高速处理能力才能应对挑战。

三是推动数据交易市场建设，加速数据资产化进程。出于对数据价值的认可，当前阶段一些企业在业务需求的拉动下，尝试采用限额等量交换的方式进行数据交换；也有一些公司以 case by case 的方式定价出售数据。但在缺乏交易规则和定价标准的情况下，数据交易双方交易成本很高，直接制约了数据资产的流动。金融市场是现代金融体系的重要组成部分，由于其具有融资、调节、避险和信号的功能，对于资产的优化配置和合理流动起到了巨大的促进作用。与之相类似，推动数据交易市场的建设，必然能加速数据资产化的进程。大胆预测，未来数据市场有可能会出现数据现货交易、期货交易，甚至是数据衍生品交易。到那时候，数据进入资产负债表的时间就真的是指日可待了。

区块链与数据价值衡量

》》 区块链是一种最新的技术潮流趋势

"二十年后，我们就会像讨论今天的互联网一样，讨论区块链。"Web 浏览器拓荒者 Marc Andressen 指出。①

2018 年伊始，一场始料未及而又具有颠覆性意义的技术革命疯狂来袭，主角就是区块链。区块链技术，被认为是继蒸汽机、电力、互联网之后，下一代颠覆性的核心技术。如果说蒸汽机释放了人们的生产力，电力解决了人们基本的生活需求，互联网彻底改变了信息传递的方式，那么区块链作为构造信任的机器，将可能彻底改变整个人类社会价值传递的方式。区块链技术的热度，从整个互联网和金融行业对比特币的狂热，就可见一斑。

区块链技术发明于大约十年以前，比特币之父中本聪发表了一份 8 页长的调查报告，解释了比特币如何实现货币的去中心化。这一报告悄无声息地扰乱了银行等信用机构的运行。但那时并没有多少人理解这 8 页报告蕴含的潜力。

区块链是一个分布式的公共账本，任何人都可以对这个公共账本进行核查，但不存在一个单一的用户对它进行控制。区块链系统中的参与者，会共同维持账本的更新：它只能按照严格的规则和共识来进行修改。区块链技术并没有那么难理解，简单来说，区块链解决了共识与不可篡改两大机制。

过去网络上流行"怎么证明我妈是我妈"的新闻，这其实是一个直接用区块链就能解决的问题。过去，我们的出生证、房产证、婚姻证等，需要一个中心的节点比如政府背书，大家才能承认。区块链技术不可篡改的特性从根本上改变了中心化的信用创建方式，通过数学原理而非中心化信用机构来低成本地建立信用。我们的出生证、房产证、婚姻证都可以在区块链上公证，变成全球都信任的东西，当然也就可以轻松证明"我妈是我妈"。人是善变

---

① 区块链 2018 正在疯狂来袭 MBAEX 智领未来. https：//www. sohu. com/a/2171 91659 _453077.

的，而机器不会撒谎，区块链有望带领我们从个人信任、制度信任进入到机器信任的时代。由于区块链技术的不可复制性，它可以追溯每一条消息的来源，使得无人能够提供虚假信息，且对用户信息高度保密。

究竟什么是区块链接技术？简而言之，一条区块链就是一个数据库，一个由不同数据组成的不断增加的数据库。它具有如下显著功能：数据一经保存就无法更改或删除，区块链中的每项记录都具有永久性。它是由成千上万的人共同维护的，而不是个别组织或个人。每一位运行者都有一份该数据库的备份。

为了了解如何使不同人手中的数据库备份保持同步，请想象一下：十个人处在同一个网络中。每个人面前都有一个文件夹和一张白纸。这个网络中的任何人所进行的如转账之类的重要活动，都要通知网络中的其他人。每个人都将每一项通知记录在自己的白纸上，直到将白纸写满。当白纸被填满时，每个人都要通过"解数学题"的方式将白纸"密封"。这一"解题过程"会审核每个人纸上记录的内容是否一致，确保这些内容不会被篡改。第一个完成"密封"的人会得到加密货币的奖励。密封好的纸会被放入文件夹中，新的白纸会被拿出来重复这一过程，如此不断循环。随着时间的推移，越来越多的包含重要记录（交易记录数据）的纸张会被放入文件夹（链条）内，由此形成数据库（区块链）。

区块链的功能十分强大，逻辑堪称完美，其将深刻地改变我们的经济社会。凡是体现中心组织架构的任何方面，无论是经济还是社会，都将是区块链改造的对象，只不过是一种颠覆性的信息改造方式。

在互联网时代到来之前，人们的数据信息传递是严重受阻的。第一代互联网 TCP/IP 协议的建立让整个社会的信息实现了自由传递，而区块链技术，拥有着让整个互联网信息实现从自由传递到自由验证、自由公证过程的强大力量，不断促进数据记录、数据传播及数据存储管理方式的转型，这将是未来一个非常重要的趋势。

区块链还能成为一种市场工具，帮助社会削减平台成本，让中间机构成为过去。区块链在去中心化的情况下构建了一个基于数学的全球信用体系，其技术现在已被用来挑战各行各业中成本高、耗时长的中间商业务。随着区块链技术的发展和应用的普及，中间商将会遭到极大的冲击，未来的市场将是建立在互联网去中心化信用体系之上的区块链市场。

区块链正在悄然改变市场中人们交易的方式，这一技术能促使公司现有业务模式重心的转移，有望加速公司的发展。去除了中间商的市场是一个自由、开放且透明的市场，许多公司的传统业务模式都将面临颠覆式挑战。此外，区块链技术还有望打破现有的利润体系，将更多利润分配给那些真正能为社会创造价值的公司。

在区块链的环境下，公司传统的品牌形象建立、融资、审计等一系列漫长过程都将加快。区块链能帮助市场更快地淘汰落后企业和筛选优秀企业，公司发展将步入一个新时代。

区块链技术有望将法律与经济融为一体，改变原有社会的监管模式。由于区块链技术能达成互联网中的全网校验、全网信任共识，信息更透明、数据更易追踪、交易更安全，整个社会用于监管的成本会大为减少，法律与经济将会自动融为一体，"有形的手"与"无形的手"将不再仅仅是相辅相成，而是呈现逐渐趋同的态势。

究其核心，区块链只是一个数据库，但是很擅长处理资产交易，特别是客户数据这样的抽象资产。运用区块链技术，它让每个人的数据库变得"与众不同"：既能够实现跨网络分布和同步、共享数据，又能够使个人数据"永久不可修改地"存放在区块链中，从而确保每个人都按规矩办事，可以追溯每个人所有数据的起源以及整个生命周期中所有发生的数据。

随着新一轮产业革命的到来，云计算、大数据、物联网等新一代信息技术在智能制造、金融、能源、医疗健康等行业中的作用愈发重要。通过分析国内外发展趋势和区块链技术发展演进路径来看，区块链技术与云计算、大数据、物联网等新一代信息技术会有很好的结合点，并可能对新一代信息技术产业产生重要影响。

区块链技术已经令无数科技企业为之兴奋，腾讯、阿里巴巴、百度、IBM、英特尔、微软等知名企业均已纷纷加入区块链行业。事实上，最近也有一些公司组织在跟上数字世界的变化。比如比特币这样的虚拟货币，它的总市值已经很高，达几千亿美元，但是它没有一个CEO，没有一个员工，只有全球各地数百万名"矿工"在默默地"挖矿"和维护着比特币的价值。维护比特币机构是一个非常大的组织，它是经济体吗？它是公司吗？说它是也对，说它不是也对。它有一个非常重要的机制，那就是永远没有人可以把它关掉。它就像是个永动机，除非没有人再关注它，否则它不会自动死掉。

区块链技术以加密方式存储无法更改的过去和现在，最终导致我们走向不一样的未来！

>>> 信任机器[①]

人类社会维持协作最重要的机制是信任。尤其是双方平等的商业交易，没有信任，交易就不可能达成。这点在熟人社会问题不大，在陌生人社会，情况就变得很麻烦。

这时候就需要一个所有人都信任的东西作为信任中介。为此人类社会建立许多组织和制度，维持信任系统的运行，比如货币、法庭和银行。而在互联网时代，一些电商平台事实上也是在提供信任服务。人们在平台买卖，通过平台旗下的电子支付方式转账，平台承担着信任担保的作用。

现代商业发达的重要表现就是信任扩展。两个各处天南海北，老死不相往来的陌生人，他们敢于交易，正是发达的信任中介在起作用。跨国公司、银行和互联网，它们是商业世界的信任中心，可以连接无数的人，促成数量庞大的交易，创造巨大的信用价值。为此，这些信任中介也从中获益颇丰。

但中心化的信用中介有个问题：成本巨大。菜市场要向摊位收取租金，才能维持环境整洁，秩序良好，确保市场内买卖公平；电商平台首页推广拥有巨大价值，它会向商家收取高额推广费。银行开在市中心的黄金地段，建筑富丽堂皇，作用之一就是赢得信任。为维持市场信任体系，无论是交易双方，还是信任中介，他们实际上都付出了庞大的信任成本。

而商业进步的表现之一就是信任成本降低。中心化的信任中介，他们实际上就是起到这个作用才得以大赚其钱。没有信任中介，很多交易就无法达成，成本就是无穷大。而现在呢？越来越多的人发现，借助技术的力量，信用成本还可以降低。把中心化信用中介取消，变成人和人的直接连接，这在过去就是取消交易的代名词，现在却有可能促成信任成本降低。

一言以蔽之，区块链触动的是金钱、信任和权力这些人类赖以生存的根本性基础。它在本质上是乌托邦式的，大家遵从的是内心对大同社会的追求。《经济学人》对区块链做了一个形象的比喻：它是"一台创造信任的机器"。但在发展的初始阶段，它也极易变成"一台骗取信任的机器"。

区块链的出现，实际上就是在创建一种信用机制。这也是几乎所有区块链文章都会提"去中心化""去信任中介"的原因。区块链提供一种途径让

---

① 区块链其实是"信用机器". http://www.xinhuanet.com/tech/2018 – 02/14/c _ 1122416712. htm.

彼此不认识的人创建大家都共同认同的价值理念，这简直就是真理的捍卫者。我们可以看见的未来就是区块链会消灭任何中心化或者中介组织机构，包括如日中天的腾讯和阿里巴巴！这不是口号，而是正在发生的世界现实。

区块链的技术很复杂，原理却差不多。它是建立在互联网上的公共账本，由网络上所有用户共同记账与核账。每个人（每台计算机）都有同一个账本，数据公开透明，在这个账本上的任何交易，都将引起所有人的账本更新。从技术角度而言，在这套公共账本上，可以最大限度地保证信息真实性和不可篡改性。

比特币是区块链的第一个实验品。在比特币世界，个人无法通过篡改信息使自己持有的币数量增加，并且无法凭空"造币"，使他人接收。账本是公开的，你只能通过"解题"或交易获得比特币。你和其他人交易，不用担心收到"假币"或"滥发币"，因为技术已经帮你核验对方账本真实性。在比特币的世界，只有一套互联网的账本。技术理论上，造假的可能性已经不存在。

目前区块链技术的应用前景还很不明朗。就市面创新而言，信息数据领域似乎有可观前景。除数字货币，还有权益证明、征信系统、医疗记录、数字票据、知识产权，这些领域似乎都有区块链的应用场景。他们数字化程度最高，提供的是信用服务。确保信息真实、安全和稳定，正是这些行业的需求。

但作为新兴行业，区块链技术不可避免会有骗子闻风而入。他们打着技术的幌子圈钱，吹动泡沫，捞一大笔就走。这些都值得警惕。就区块链本身而言，它的技术价值还是应该得到重视。

人类历史上，与虚拟经济相关的金融骗局多如牛毛。1637 年的郁金香狂热、1720 年的南海泡沫、近在眼前的 P2P 骗局……这都与人性的贪婪有关。技术本身并不可耻——这句话用在区块链上，依然成立。但如果打着"改变人类的技术"之名，去行坑蒙拐骗之实，那就不只是可不可耻的问题，而是罪与非罪，进不进监狱的问题。

好在监管层已经有所动作。2017 年 9 月 4 日，监管将 ICO（initial coin offering，首次公开募币）直接定性为"非法公开融资行为"，并正式叫停。

≫ 价值互联网基石

也许你遇到过否定区块链技术的人，他们还劝你别为这种"炒作"买单。然而，笔者的意见是：别太在意这种人。就像 20 世纪 90 年代互联网出现大繁荣，随之而来的技术彻底改变商业游戏规则一样，区块链正在逐步改变一些行业的运行规则。不能适应未来去中心化世界的企业只能被淘汰。

互联网提高了信息的传递速度，却在如何协调各方达成一致方面显得无力，有时候甚至会加重这个问题。因为互联网上的信息是以副本的方式进行传递的，比如发送一张图片，实际是这个图片的副本而已。而对于这些信息的真实性的辨别，需要借助很多其他手段，比如身份认证、信息校验等。对于这种副本机制，纯粹从传递信息的角度，是非常高效的。但是，如果将基于互联网的商业生态看成一个价值网络的话，这种机制却造成了最严重的问题，因为如果一个价值符号被发送出去后，却多出一份拷贝，这就是灾难。人类从现实生活往互联网世界的跃迁经历了一个长期的过程，以网上购物为例，现实当中的物品需要在信息系统中有一个映射，通过购物网站这种中心系统确保了商品的有效性，解决了交易过程中物品的交换问题。

在基于区块链技术的基础设施不断牢固，以及各国政府更加趋于合理的监管政策下，我们相信一个新的时代即将到来，我们把它叫作"区块链互联网"。在"区块链互联网"里，协作将变得更加高效，人类每个个体的力量将被充分激活，隐私和数据将更被重视并保护，价值的转移将会更加灵活，它将成为我们生活中不可分割的一部分，就像几十年前的互联网一样影响着我们。

人类社会通过货币，借助类似工资、绩效、分红和年终奖这样的激励机制，将不同的人协同到一起，从而极大促进了生产效率。但这种作用在互联网里却并没有完整体现，或者说商业文明向互联网的迁徙并不彻底。自比特币之后，人们发现区块链技术能有效保障网络里价值符号的传递。因此，采用区块链技术构建的互联网世界将是现实世界的商业文明向网络虚拟世界迁徙的更佳形态，将进一步带来商业文明的飞跃，这就是所谓的"价值互联网"。

区块链能够解决整个社会网络分工协作的一致性难题，特别是在大家对隐私和数据权利越来越重视的今天，区块链的特性更显得弥足珍贵。这也让我们相信，区块链就是未来，虽然各国政府严控代币融资及数字代币炒作，但是并不能影响区块链往前发展。

区块链的诞生替代了"第三方机构"，避免了因记录不详、信息丢失而发生的不公正现象。创造了一种解决彼此间不信任的"记账方式"，而这一解决方案的诞生将如何重新定义世界呢？

值得注意的是，区块链其核心意义和价值在于，人类有史以来第一次能够从技术层面建立信任关系——我们真正意义上第一次建立一个处处真实、体现自我、可以回溯、相互联系、去中心化的"价值互联网"。正是基于此，人类将因此开启从信息传递到价值传递的过程。当价值互联网逐步形成后，区块链的优势——快速、高效、低成本、透明、相对公正等，都将被应用到各个领域，优势也将被放大。届时人们能够在网上像实时聊天传输信息一样即时传递价值，这些价值可以表现为资产、资金、资源等。

》》 人人都可以发行货币？

"人类很长一段时间以来都在创设新的货币，并且创设新货币的动机一直没有发生太大变化，变化最大的是管理支付方式的科技手段。发展到今天，任何人都可以创建一家中央银行。"著名经济学家爱德华·卡斯特罗诺瓦在其《货币革命》一书中作如是言。

卡斯特罗诺瓦现为美国印第安纳大学教授，因对虚拟世界经济研究而知名。他认为，虚拟货币如今已渗透到世界的每个角落。从《暗黑破坏神3》中的金币、Facebook积分到飞行常客里程数，都是虚拟货币的多种形式。为让读者更深入地理解虚拟货币对未来的影响，他在书中对货币的本质、通货的定义、货币发行方资格等都进行深入剖析，更对虚拟货币的现状及其对未来将产生的经济、法律、政治影响进行探索。

虚拟货币合法吗？作者根据美国法律做了一番研讨，并得出结论：虚拟货币的存在是合法的。目前，至少并没有任何法律明令禁止私人创设新形态货币，也没有法律禁止私人货币使用。实际上，很多人乐此不疲。

也许在许多人眼中，虚拟货币可能更儿戏化。一旦游戏升级或被淘汰，玩家所积累的财富就会瞬间化为乌有。不过真实货币亦有此种遭遇。在美国南北战争结束之后，南方各州发行的美元就从货币变成废纸。在20世纪20年代早期，德国马克可以说是一种类似玩具的钱币。并且真实社会与虚拟世界并无绝对的泾渭分明，而是虚拟与现实之间的界限不断模糊。作者写道："这并不是一场幻想变成现实，或者现实变成幻想的简单转换。或许在这个科技进步使得一切幻想都具备实体形态的年代，我们恰好开始体会到这个趋势可能带来的一些变化。"

从虚拟经济体设计角度来看，真实经济体的运作存在一些致命的不足。在真实经济体中，焦虑与恐惧感无时无刻不在侵扰着人们。作者提出以上理由为虚拟经济加分，最后得出这样的结论：围绕虚拟货币建立起来的经济体，或许比真实经济体更能为人类生活增添幸福感。虽说有一定道理，但不免偏激，无论如何人不能在虚拟社会中自娱自乐，否则难脱自欺欺人。当然作者更多的是想说网络游戏吸引力的问题。他写道："如果网络游戏和社交媒体，能够以最有效的方式激发人类工作的潜力，增加人们追求金钱的动力，那么它们一定会欣欣向荣。大多数可以提供'愉悦效应'的货币体系都能生存下来，那些做不到这一点的货币体系则会被淘汰。因此，随着虚拟货币引发出全球范围内新的经济交互模式，人们获取和计量货币的方式都会发生重大变化。"用不了太长时间，我们就会发现自己生活在一个能够自由发行货币，并且可以自由创造属于个人支付系统的社会当中。①

>>> 虚拟货币的 "优胜劣汰"

福布斯近日发布了首个"虚拟货币"领域富豪榜（加密货币净资产），华人中有一位闯入了前三。出乎意料的是，此人不是发代币的"畅销书作家"李笑来，不是卖挖矿机的比特大陆 CEO 吴忌寒，而是为数字货币开"交易所"的币安网 CEO 赵长鹏。撇开福布斯数据的可靠与否，我们看到的是这样一个财富转移速度：赵长鹏这个华人程序员，从创建币安（Binance）平台到入榜福布斯，仅仅用了 6 个月时间！

以数字货币今日总的体量，以越来越多的民间（韭菜）参与者（币安网每周新增数百万用户，2018 年 1 月 10 日仅在一小时内，就有 24 万人注册，平台不得不暂时关闭注册通道），很多玩币圈的业内人士都已心照不宣默认这样一个事实：世界首富，以及中国首富，早在 2017 年底就已易主。

截至目前，区块链最成功的落地应用就是比特币、以太坊等数字货币——问题在于，在技术公开透明的情况下人人都可以发行虚拟币，现在全球包括比特币在内的虚拟货币有几万种，都是采用同样的设计原理，可以肯定的是其中 99.99% 的数字货币，都是如假包换、有去无回的骗局。所以将来必然有一种虚拟币最终会获得广泛认同，其他不被认同的货币必然会被淘汰！

区别是不是骗局，有一个最简单的办法：只需要看这个"货币"是挖出来的，还是发出来的。

其实从技术上分析出各种 token（代币）的性质并不难。基于区块链架构以及 POW（工作量证明机制）共识机制挖出来的币，例如比特币、莱特币、以太坊等，它们具有分布式去中心化的特点，这些纯 POW 证明的币种，因为

---

① 赵艳红. 人人都可发行货币？https://www.sohu.com/a/20340787_115098.

有矿工的参与，算力（币）越多拥有越多，财富越多，创始人自己也需要去挖才能得到币，其并未借币融钱，也没有权力改变未来的发展之路，操控它们的难度也极高。因此挖出来的币，其本质还是一个交换中介和工具。

但没有采取分布式账本的伪币（空气币）则不然。空气币的发行（ICO）与股市的 IPO 没有任何本质区别，币就是发币团队用来圈钱的一个工具——区别在于，股市 IPO 的每一股股份，对标的是上市公司业已存在的实物资产，而代币对标的"资产"，只是发币团队的一个创意，或者叫空气。

区块链的核心是去中心化，但代币的发行，恰恰回到了一个中心化的发行主体。与现实世界法币的唯一不同是，法币（比如美元）是由政府暴力机器背书的中央银行发行的，而代币纯粹就是为了赤裸裸骗钱的个人发行的。

就区块链这种信任机制的本质而言，无论是比特币，还是人人都发行货币，对任何虚拟币的检验都会回归到以下三点：一是是否有中心化的发行主体，即虚拟币的"创造"的价值是否为极少数人控制，是否有人"割韭菜"而一夜暴富；二是是否有工作量证明机制和共识机制，即是不是像凭空产生随便起个什么"猫币""狗币""空气币"那样毫无意义；三是是否对于社会公众有实际价值，即是否是一种自我印制的"自娱自乐"游戏币。

总而言之，是主权权威、财富创造也好，是人性投机、财富转移也罢，任何一种货币的成功，关键都在于谁能取得所有人持续的信任。

时间会给出答案，时间会证明一切。

时间刻度

这个时代，昂贵的东西有很多：健康、身体、自由、轻松、富足、健康的心理、真正的笑容……但是笔者个人认为其中最宝贵的财富是时间。金钱可以贷借，富足可以换取，但是时间对任何人都是公平的。皇帝或是百姓，富豪或是平民，时间不会因权力和财富的多少而延长或者缩减，所以用时间作为衡量数据价值的单位是唯一正确的，是颠扑不破的真理。

在 2016 年的跨年演讲上，"罗辑思维"主讲人罗振宇提出了 GDT 的概念，即国民总时间，认为未来有两门生意特别值钱，一是帮别人省时间，二是帮别人把省下来的时间浪费在那些美好的事物上。也就是说，谁能把握住人们大把的空闲时间，谁就有可能在未来把生意做大。而很显然，既然是用来"浪费时间"的，就无法把它做得高大上、一脸严肃，"向下"是一切贴近大众娱乐的真理。

时间会成为商业的终极战场。再也没有什么行业边界了，每个消费升级的行业都在争夺时间。电影、视频、游戏、休闲、度假、直播，在时间维度上，它们都是竞争对手。也就只有微信创始人张小龙敢骄傲地说，微信有一个基本价值观——一个好的产品是用完即走的。（一份互联网趋势报告显示，中国用户每天花在移动应用上的时间高达 31 亿小时，而光微信就占了 9 亿小时。）生意再大，如果拿不到用户的时间，未来也岌岌可危。这也是为什么马云从"来往"到"钉钉"，一直放不下社交情结的原因，将来阿里系一定有一轮像样的社交进攻。

消费者花的不仅仅是钱，他们为每一次消费支付时间。2016 年初，中国电影屏幕是 3 万块，到年底飙升到 4 万块。但整个电影票房从 2016 年的 440 亿仅仅只涨到了 2017 年的 450 亿。除了行业补贴停止之外，更重要的一个原因是，电影是一个要支付时间的消费品。看电影不是碎片时间的支付，是整块时间。做决定的难度越来越大，时间风险也越来越高。所有的行业都必须警觉，不是你不努力，也不是你的行业没价值，更不是你的价格不够低，而是你索取了过多的用户时间，大家付不起。

现在各种商机也从空间转向时间。这一轮消费升级提供的不是炫耀品，而是体验品。不是优化消费者在空间里的比较优势，而是优化消费者在时间里的自我感受。同样是茶，他们不再为"柴米油盐酱醋茶"的"茶"付钱，而会为了"琴棋书画诗酒茶"的"茶"付钱。所有的体验，本质上都是时间现象。未来，在时间这个战场上，有两门生意会特别值钱：第一，帮别人省时间；第二，帮别人把省下来的时间浪费在那些美好的事物上。

2011 年 10 月美国有一部与时间有关的电影《时间规划局》上映，这部科幻电影中描述了一个这样的世界：在未来，唯一的指定货币就是时间，每个人在出生时都拥有二十五年的免费成长时间和一年的可供消费的时间，在每个人的左手臂上都有一个倒计时的表，显示着你可供消费的时间余额，同样，这也代表着你的余生有多长……在这部电影里，你手上的表所显示的时间仅仅是一串数字，一串可供你购买商品和生命的数字。

"数说" 即 "数据说话"

>>> 你的数据，你的人生！

数据是人们的一项基本权利，终身获得积累数据要成为一种习惯，一种美德；数据"积少成多"，就会打开财富之路。为了充分贯彻本书数据财富权利，提出"精彩人生，数据说话"（简称"数说"）的理念。网络世界每个人的一举一动都蕴含着数不清的价值，"数说"坚持数据所有权属于个人创造者，即任何数据开发利用均要经过个人所有者许可、确保个人隐私安全，并拥有获得开发收益返还的权利。包括"数说"在内的任何组织和个人不得无偿、无限利用他人数据营利，不得完全把数据所产生的价值据为己有。

"数说"基于区块链记录统计每天活动轨迹——餐饮、着装、交通、工作、社交、购物、亲子、运动、娱乐、旅游、学习、家务、睡觉的时候只需要轻轻点击一下，拍照、记录或者发布消息，就能记录下你的精彩时刻。如果个人能持续记录和沉淀这些个人信息数据，并且便于"证明"和"携带"，自然就产生价值，就能转换成为自己宝贵的"数字资产"。系统会自动计算空间轨迹、时间等信息，并且能根据时间和单位活动价值计算出所创造的"数字资产"——人生币的价值。我们做的每一件事都是让每一个人的数据都变成财富，变成自己可以掌控的资产。其致力于搭建一个人人皆明星、人人皆粉丝的新型去中心化社区，充分发掘、培育、回馈个体数据价值。

我们把"数说"定义为基于区块链产品，目的就是解决当前每个人最为迫切的痛点：个人数据权益被他人白白侵占。作为一个应用，一定是链上和链下相结合地设计，目的就是要解决最本质的问题，怎么样让区块链变得对消费者友好，要让所有人都能去用它。"数说"对区块链技术的应用，能够改变人类现有的消费模式和消费观念。例如，此前用户购买了一个智能炉灶，作为消费品，其使用价值是随着时间的增加而不断减弱的。但是区块链介入后，从前的消费品变成了数据采集器或者产生者，随着时间的增加会源源不断产生可以用于交易的数据。也就是说，传统情况下需要花一笔钱来购买的消耗品，现在买回来还能帮助用户赚钱。我们致力于做一个让用户真正拥有"自主权"的 APP，创造的价值归用户自己所有。

"数说"有趣的地方在于，定义了个人数据的单位（人生币）计数规则，它用于标记用户行为，将（各平台争抢的）用户互动活跃可视化，让用户可以跨越阶层，享受时间和内容带来的收益。且所有的数据都是用户自己的，用户所创造的价值收益都归用户所有，"数说"实际上是一个由手机执行的不可更改的"智能合约"。

微信、微博等社交巨头，可以随意更改、删除、屏蔽用户的信息，是因为用户的所有数据都存放在巨头的数据库中，他们可以随意处置。而"数说"的数据，并不归平台所有，而是用区块链分布式账本的解决方案，让所有用户的数据最终信息不可篡改，保证了真实可信性，并且用户信息的传输是端对端加密，也就是说用户信息的传输是完全私密的。

"数说"致力于为大家提供一种个性化的数字空间生存方式，帮助大家积累价值无限的数字资产和情感资产，这一切来源于个人数据的自我量化和持续积累。个人完全拥有对个人活动数据信息的所有权和主动权，即个人数据信息公开或者成为个人隐私，可共享或者不共享，全看个人意愿。

"数说"还带有"共享经济"的基因——"数说"日记就是将我们个人在网络上"碎片化""分散化"的数据聚合起来，由此带来无穷的价值，本质上是"数据共享"创造的价值，但一个人愿意分享自己的个人数据等闲置资源，很大程度上还是出于经济动力，因此"数说"的目标群体就是广大的中低收入群体，"我们不白上网娱乐，还要同时挣钱"。我们的目标是让数以百万计的人的生活产生积极的改变……让你的数据也能挣钱，为你增添一份数字资产，让你多一份数字化生存方式。不管出于利益动机，还是出于未来数据价值信仰的认同，我们认为越早地加入到这个数据价值的传递和创造当中，就能越早享受到数据的收益，享受到区块链"价值互联网"带来的红利。

>>> "活动日记"

现在照相机已经成为智能手机的标配，方便你把每一刻都记录下来：孩子的蹒跚起步、居家场景和朋友来访、你每天的锦衣玉食、你走遍的大好河山，无一不可以变成照片的题材，变成难以忘怀的永恒记忆。照片中的美景和新奇事物使人身心愉悦，久久回味。拍摄你的日常活动，既享受过程，又珍藏记忆。把你生命的精彩瞬间随手忠实记录下来，按照时间排列就是一部人生轨迹：与你的童年、发小、初恋、爱人、蜜月、升学、就业、成功、辉煌等一切个人有关的"珍贵"照片记录下来，最不可能忘怀的可能是你的故乡，你的母校，你的爱人——笔者相信即使你不能旧梦重圆、故地重游，这些场景也会让你热泪盈眶、激动不已。

我们个人也许深处社会底层，但也要梦想有痕，享受快乐！所以不论身处何处，不论尊卑，都应享受短暂的青春，享受逐梦过程中的每一刻、每一秒，乐在其中，珍惜当下，过好每一个精彩的瞬间，让每一刻都变成可以回溯的"'数说'人生"。

智能手机让我们每一个人都大踏步地进入信息时代，让我们个人的很多精彩瞬间、诸多"碎片化"的信息越来越容易保存下来。有人开玩笑说，多年来很多发誓要坚持的东西比如天天爬山、少吃多动等都没有坚持下来，唯一坚持下来的一件事就是——每天给手机充电。

>>> "发布数据"

"数说"首先打造个人数据平台。每个人可以通过两种途径来打造属于个人的"数据库"。一方面用户可以通过"数说"（将来会接入智能设备或IoT 设备）实时采集自己的个人活动数据（主要分为图像、视频、音频），通过"数说"区块链机制进行确权；另一方面可以通过"数说"App 任务、业务、信息（文字、图片、视频、音频）、广告和商品等五大类有价值供需信息。

"数说"希望每个人能够建立一个"个人数据银行"，建立生活活动轨迹模型，在链上实现"数字人类"，因为人类的一切爱好、习惯都能够用数字的方式保存在区块链上，并和其他人产生关系，打造属于自己的"区块链数据身份"。因为人类行为数据的实时产生，假以时日就可以实现"躺着赚钱"的情景。"数说"能够实现以个人数据为核心的新的价值体系，并且产生新的消费理念和回报机制。

目前的 AI 应用研发公司，包括百度、阿里、腾讯在内都不一定能够完全合法、合规地拿到所需数据，但用户希望得到更为智能的 AI 应用，更智能意味着需要有更多、更有效的数据来源，这两者的矛盾在现有技术条件下无法调和。"数说"作为一个中间机构，无疑是解决问题的一种方法。

"数说"希望目前市场上所有基于智能、基于数据采集、基于数据开发利用的企业，如智能硬件、智能家居、车联网、智慧社区、智慧医院、智慧城市等企业合作，将数据汇总到这条个人数据价值链上。想要获得数据的企业（如技术研发、商品服务、精准营销），就通过可以进行"数说"付费购买，得到不同的授权，获得相对应的数据服务。

个人数据价值量化

眼下，以加密货币为代表的区块链技术就是新一代的梦想和标准，随着5G时代的来临，全球互联网的方式会发生重大的变化，这个互联的变化将会带来更多的新鲜的主意和梦想。"区块链"技术的运用——个人数据统计计算换算成人生币（lifecoin，计数单位为时间豆，RH）虚拟币，当这种"去中心化"的虚拟货币的信任认同达到和人民币一样可以用于支付个人需求时，价值就会凸显。区块链的价值不是因为这些数字货币能够发财致富而具备价值，而是它本身价值就非常大。人生币数字货币是其中一个非常重要的应用，而这个应用也应该与时俱进勇担责任，值得更多人的关注。

》》 下一个比特币？

"区块链"颠覆性技术的影响驱动之下，未来必定会走向人人都创造货币的阶段。希望"数说"创造的人生币能够成为这方面的探索先锋。人生币这种虚拟币天然带有工作量证明（各项活动计算所得）和权益证明（带有时间和空间的）属性，是"数字资产"获取的最便捷的手段，人人可参与，人人可创造，不需要任何"中心化"组织进行交换资产以及价值，以更分权、更开放、更安全、更隐私、更公正以及更易获得的方式，让所有参与者轻松获利！中本聪在《比特币：一种点对点的电子现金系统》这篇论文中，提出了一种完全通过点对点技术，使在线支付能够直接由一方传输给另一方的方式。点对点的背后，就是草根崛起，就是数据平权，就是数据公平。从金融的角度，在未来所有试图以一种货币为中心的构想，都是痴人说梦，即使是美元也不可能。但是，"数说"以世间绝对公平的时间为衡量单位创立了人生币虚拟币，作为世界上第一款依托区块链技术建立的个人数据产权产品，试图为所有人赋予数据财产和数据身份，以此来换取所有人的认同。也许读者会认为，这不过是借区块链进行营销而已。的确如此，也许现在个人数据

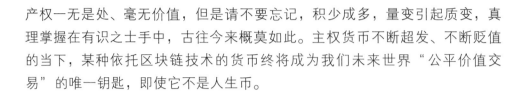

产权一无是处、毫无价值，但是请不要忘记，积少成多，量变引起质变，真理掌握在有识之士手中，古往今来概莫如此。主权货币不断超发、不断贬值的当下，某种依托区块链技术的货币终将成为我们未来世界"公平价值交易"的唯一钥匙，即使它不是人生币。

>>> 人生币记数规则

"数说"提供衡量个人数字资产的人生币虚拟货币体系，是一种基于区块链技术的无任何价值损失的数字资产货币化手段，任何发生在本平台上的个人活动及其数据，都会通过特定算法折算成人生币。其工作量证明源自于人人都可以参与的个人活动数据的自我量化，无论何种活动的单位价值最大为 0.04 R，这样每个人每天最多产生 $24 H \times 0.04 R = 0.96 RH$，为了鼓励个人的参与，凡是每天参与活动追踪的都额外奖励 0.04 RH，即参与者每天都可以获得 1 个人生币。人生币的权益证明直接与时间挂钩，哪天产生的币值就以人生币天数命名，如 20180525 RH，即 2018 年 05 月 25 日产生的人生币。

人生币的价值永远不会衰减主要有两大规则限定：一是每人每天最多只能获得 1 个人生币，二是人生币与时间挂钩并且币值永远相等，如 1 个 20180525RH 与 1 个 20500309RH 等于 2 个 20200102RH，在交易中可以对等核销。人生币虚拟货币体系鼓励个人积极参与挖掘并尽量将时间分配在价值最大化的活动上。"数说"建议个人多发布活动或者可以尝试用人生币进行交易，其将带给用户意想不到的经济和精神价值，越早行动收益越大。

每个人一天最多只能获得一个人生币，这是对人生币的数量的总体控制。不需要"挖矿"，不需要懂编程算法、密码学、区块链等知识，只需要登录"数说"，只不过根据各种活动类型和开展时间的长短而计算的人生币数量，可能会不到一个人生币。对于个人数据，可以随心情而定记录或者不记录，因为这是个人隐私。即使是我们不明就里的"授权"，任何组织和个人也不可以使用或者开发个人数据，因为这是我们自己的数据开发权，除非返还数据收益，给被使用数据的个人以实实在在的经济利益，否则没有必要。

个人数据初始人生币价值（可用时间豆来衡量）设定为 0.01 元（平台可以保障），假如有 1 亿人来关注使用，每天可以增添社会财富 100 万元。在中国，如果按照目前个人数据商业价值为 GDP 的千分之一转化率来计算，这也是一个千亿市场。

在"数说"上，用户可以通过发布文章及图片、相互交流、进行小游戏等互动方式，获得平台上的用户行为标记值"时间豆"。"时间豆"可以理解为社区积分，也就是用户数据价值的展现和基本单位，例如你在"数说"上发布了一篇文章，点击分享文章的用户越多，个人所能获得的时间豆也就越多，时间豆是数字资产，让个人在"数说"平台创造的价值完全归自己所有。

如今区块链领域"空气币"泛滥，许多创业项目依靠 ICO 来圈钱"割韭菜"。现在大部分的创业项目发币和项目本身完全无关，也就是没有任何区块链的工作量证明机制，所以最终发行的就是没有价值的空气币。真正有价值的发币，要与所做的项目产生必然联系。

>>> 个人数据商业模式

使用"数说"的个人消费者可以由以下几种方式获利：一是将数据转化成时间豆虚拟币，用于投资或者作为一种商品、服务交易中介使用；二是由个人所有者直接出售或者以观看广告的方式直接出售自己的数据信息；三是可以授权平台将数据销售给广告主；四是可以借助数据聚合服务，用户可以将自己的数据与他人数据聚合起来，然后一同出售。

>>> 个人数据资产价值

"你的个人数据价值，就如比特币的价值让你瞠目结舌。"

2018 年年初，真格基金的徐小平老师，对区块链做了一次全民普及，直言区块链对传统的颠覆，将会比互联网、移动互联网来得更加迅猛和彻底。业内大佬的站台将区块链推至风口浪尖，引发了一波关于区块链的全民大讨论。

2017 年这一年，区块链、比特币就如同耀眼的明星坠落凡间，盛放出一朵朵美丽的花，花中倒映着的众生相，恍惚间竟给人浮生若梦之感。

进入大起大伏的剧情之前，我们先回顾一下比特币的美丽神话。在比特币横空出世的 2008 年有人选择用 5 000 个比特币交换 1 个披萨，到 2017 年 12 月份比特币上涨至近 20000 美元时，粗略估算，比特币上涨幅度为 2600 万倍，这个披萨的价值就是 1 亿美金！

比特币是什么？比特币就是一串串的数据和编码，这些数据资产——也许就是你的个人数据所能表达的数字资产的价值，其价格由供需市场决定，而不是由价值中介——货币决定。

为什么比特币值几百亿美金?因为比特币是一个全球开放的创新体系,有多少人玩比特币,就有多少人琢磨比特币怎么服务于创新。由全人类的智能硬件和各种软件构筑起一个开放的信息交互网络,这个网络的价值取决于我们的定义。我们认为它值1万亿,它就值1万亿;我们认为它值100万亿,它就值100万亿。逻辑基础:智能软件不吃不喝,在未来10000年会永续创造价值,而不会像人类一样违约。所以,大家想提取多少价值就可以提取多少价值。在人机关系中,主动权始终在人类手中,大家取多少,智能软件就会给多少,但大家不去取,软件也不可能主动给大家送。

据清华大学课题研究报告,世界上数字资产以每年10倍的速度在增长,在中国GDP中可占7%,正如互联网早期也只为少数人接受一样,数字资产行业也处于认知不足的处境,但前景巨大。按2017年中国GDP增长6.9%计算,中国GDP总值大约为人民币80万亿元,按7%的比例计算国人数字资产价值为56000亿元,按13.5亿人口估算,人均数字资产可达4100元。按照移动互联网时代的首位法则,行业老大赚取90%的行业利润计算,亲爱的读者知道为什么笔者说每个人受到网络拿走高达数千元了吗?

况且这仅仅在移动互联网、大数据刚刚兴起的时刻计算,如果按照每个人终其一生的数据资产价值累积,一定能够超过数百万美金,因为我们的个人数据不仅仅是一串串的比特信息,而是我们的人生存储——我们存活于这个世界的所有信息,这个价值是不可估量的。

"17世纪的启蒙运动让人类知道这个世界可以没有神,区块链也许是人类的第二次启蒙运动,让人类世界知道可以没有一个权威和中心,只有人与人之间的交流,让人的价值达到一个新的境地……"

区块链技术支撑之下的个人数据资产,其价值含量如同比特币之于世界,颠覆你我的价值认知和想象。

>>> 看广告也挣钱

随着网络媒体普及以及新型移动互联网时代来临,中国广告交易额突破万亿,但广告又很令大众讨厌。尽管如此,商家并不买账,很多公司每年都拿出几百万元在多种媒体投放广告,效果却不尽人意,商家甚至搞不清在哪里做广告才能做到"精准定位"。广告效果不明显的主要原因在于,广告受众跟广告主没有必然的联系和互动。用直白的话说,商家投放广告和受众没有什么关系，商家给广告商钱财，广告商播放广告，受众只是被动地接收信息并没有从中得到收益，凭什么就听信广告商的忽悠购买产品呢？美国一对夫妻开发出一个名为 HitBliss 的在线流媒体网站，该网站提供受欢迎的电视节目、电影等。用户可以通过观看广告来"赚钱"——看一个广告 25 美分，用赚来的钱再看电视剧和电影。操作起来很简单，用户建立一个账号，添加所在地区、性别、年龄、收入以及浏览器搜索历史。根据这些信息，夫妻俩以把一个用户对应到广告主的目标人群中，保证广告有的放矢。

受此启发，"数说"对可以把观看广告也能挣钱进行功能设置，确保用户看广告也能赚钱：每看一条广告，可以得到 0.1 元的现金奖励，同时还有相应的数据积分，数据积分体系同样也可以直接转换成现金，在达到一定数值的门槛后可以直接提现，或者直接将这些奖励用于平台的购物和购买服务等，可到兑换商城里换取商品——小到酱油、洗衣粉等生活日用品，大到房子、汽车等固定资产。一般人每天大概能赚 20 元到 60 元不等，虽然不多，但如果能经常利用碎片时间看广告，日积月累还是很可观的。在这件事之前，没有人认为个人的数据是有价值的，包括苹果、百度、小米等公司，轻描淡写使用用户的数据。其实，我们都在讲数据挖掘的价值，但是数据价值现在是被互联网巨头垄断的，他们用这些数据去赚钱，最典型的例子就是百度和谷歌。它们大部分收入来自于广告，而广告收入实际上是来自于用户的数据，但用户在其中并没有得到任何好处。"数说"的诞生就是为了改变这种局面。基于"数说"区块链的智能合约机制，建设数据交易平台。早期以广告主的交易为主，后期可以将医院、金融机构、商业服务公司等采购数据的机构容纳进来，完成其研发需要。

这是一个伟大的时代，互联网将全世界的人用信息连接在一起，网络的发展也诞生了很多的机会，有的人利用网络发家致富，有的人用以娱乐消磨时间。互联网上有很多零成本并且操作非常简单的项目，只是大部分人不理解不相信，在别人不相信的时候，有人已经去做了。

>>> 数据收益返还

传统法律架构对用户个人信息赋予人格权保护的简单立场，不能适应互联网日益发展的需要，为逐渐复杂化的数据活动带来了巨大障碍。于是，一种需要法律发展的意识产生了，引发进一步改革创制的呼声，要求理论上尽快提出与数据活动尤其是数据经济发展需要相符的新方案，以便在保护用户隐私或者个人信息的同时，能够合理促进数据活动的开展。数据活动，从本质上即要求数据的大规模收集、处理、报告甚至交易，不宜简单站在用户立场，只为了保护个人信息而保护个人信息，而对数据活动进行简单粗暴的限制。

网络社会发展初期，网上的信息活动更多只是在信息社会层面进行开展，网络信息经济化程度不高，"网络信息"在财产上的意义还没有显示出来。在这种情况下，一般意义的权利规范、行为规范、管理规范稍加修改调整，似乎便可为依据。但是，随着商业化数据活动的开展日益增加，单纯的个人信息人格权的规范模式的悖谬和捉襟见肘感，已经显得十分强烈，即使进行了种种变通，也仍然无法消除其牵强性和不适应性。在这种情况下，简单地把个人信息在价值属性上仅仅看成只具有人格价值属性，显然不符合实际，与其扭扭捏捏赋予人格权自决性和商业化品格，不如直接采取赋予其财产权的方式，这样更顺畅也更合乎时宜。

数据开发权不是一种"先有鸡还是先有蛋"的逻辑循环。"巧妇难为无米之炊"，没有用户数据就没有办法去开发数据，也就不会产生"数据资本家"。按该逻辑，数据的产生者不占有开发收益是毫无道理的。

如果以"那是我的数据"为前提，那么任何企业，只要它们的商业模式用到这些数据，就应该为使用这些数据向用户支付相应的费用。数据，以及购买数据的成本，将成为一项"销售成本"。

如果一家大型银行或电信公司向一些初创企业开发的应用开放自己的用户数据，供这些应用使用，并销售这些应用，那么就必须将所获收入的一部分交给那些用户，或者从用户缴纳的费用中扣除这部分金额。应付给每个用户个人的费用将为总收入的 1/N，N 为用户总数。

数据创造者和数据开发者之间的关系有点像鱼水之情，没有水，鱼如何生存？而没有了鱼，水仍然是水！

重大的变革总是悄无声息地到来，只有在回看之时，它们才会显得那么明显。

≫ 1% 价值返还法则

任何用户的数据都是有经济价值的，离开了用户，无论是百度、阿里巴巴、腾讯（BAT）三巨头也好，还是滴滴、美团、今日头条"三小虎"也罢，都是一文不值的，对于供养这些互联网巨头们无数大数据的"衣食父母"们，要给他们钱，给他们钱，给他们钱！离开了用户这个"1"，这些互联网巨头们的估值后面有再多的0都没有意义。

虽然准确估算数据的实际价值非常困难，但是从数据持有人的企业价值上入手，提取一定的比例来操作则是非常容易的。数据持有人要从被提取的数据价值中抽取一定比例作为报酬支付。这点类似于出版商从书籍、音乐或者电影的获利中抽取一定的比例，作为支付给作者和表演者的特许权使用费；也类似于生物技术行业的知识产权交易，许可人要求从基于他们技术成果的所有后继发明中抽取一定比例的技术使用费。这样一来，各方都会努力使数据利用价值达到最大化。然而，由于被许可人可能无法提取数据全部的潜在价值，因此数据持有人可能还会同时向其他方授权使用其数据，两边下注以避免损伤。如果这样，所有人的利益得到平衡和补偿，"数据交易"才会顺理成章。

虽然这个比例很难测算清楚，但是笔者斗胆提出"百分之一法则"：互联网企业年净利润的百分之一平均分配给所有用户。企业都赚大钱了，把百分之一给衣食父母不可以吗？如果有互联网企业今年亏损了，没有利润，那么更新后的"百分之一法则"：互联网企业当年估值的百分之一平均分配给所有用户。如果企业不能挣钱，估计企业的估值也不会太高，企业就更应补偿用户；如果不补偿，用户大多会选择撤离这个平台，大量用户撤离后平台的理论估值会更低。如果互联网企业觉得可以坚持，那就会继续亏损，如果不能，企业还是努力赚钱为"衣食父母"们分些小钱吧。

到目前为止，没有人知道"百分之一法则"模型将发挥出怎样的作用。但是可以肯定的是，新经济正在围绕数据形成，很多新玩家可以从中受益，而一些资深玩家可能会找到令人吃惊的商机。"数据是一个平台"，因为数据是新产品和新的商业模式的基石。

颠覆微信！

微信目前拥有超过4亿的月活跃用户，是很多人生活乃至工作的移动平台，如今的微信确实有骄傲的资本。微信之所以现在敢毫无顾忌地在朋友圈推出信息流广告，其实就取决于一点，微信没有替代品，用户逃无可逃。

这并不代表微信可以完全毫无顾忌地"任性"下去，用户是有忍耐极限的。如果微信迷恋推送朋友圈广告这种唾手可得的营利模式，在巨大的广告收入的诱惑下，不顾及用户感受在朋友圈疯狂刷屏，甚至对于品牌广告不加选择和筛选地投放，造成对用户体验的巨大干扰，那么用户一定会想方设法地逃离微信，而不会继续忍气吞声。

"用区块链去打造一个去中心化的社交网络，这个社区是属于所有用户的"，基于区块链开发的"数说"，所有的数据都归用户，所有收益的来源都是时间豆标记的用户的数据价值。这中间并不需要如微信、微博这样强势的中心化管理，也不需要张小龙、马化腾这样的"上帝视角"，由少数几个人决定上亿用户该干什么、看什么。在现代社会中，每个人既是数据的生产者，也是数据的消费者，任何公司和组织的作用都会大大降低甚至会消失。

如今，微信的商业化取得了巨大进展。腾讯财报显示，腾讯在网络广告业务中，效果广告收入同比强劲增长83%至43.68亿元，其主要来自微信朋友圈、移动端新闻应用及微信公众号广告收入的贡献。但多数用户对于微信平台上的各种广告，是持排斥心理的。

互联网社交行业一直以来有个行业诅咒：每个产品形态火不了几年。自1994年中国接入互联网以来，社交产品一路进化，从最早的论坛，到即时通信工具（如QQ），到博客，再到SNS（如开心网），以及后来的新浪微博、微信。除了QQ和微信外，上述大多数产品或应用，都没有跳出"火不了几年"的社交产品历史周期律。产品皆有生命周期，几乎都会经历从生长期到成熟期，最后到衰退期，这是事物的一般规律。不同的是，互联网产品从生长到衰亡，可能会在更短的时间内完成自己的生命周期。微信已经6岁了，在互联网时代的变迁和新生代互联网用户的成长过程中，微信面临着产品老龄化，也不可避免地进入这个历史周期中。

"数说"希望用"区块链+社交"的方式，让更多年轻用户加入标记个人数据的圈子。最近几年兴起的派派，以及二次崛起的陌陌都是依靠轻型社交游戏，这个切入口如果打开，将会给我们带来大量的初始用户。在未来，其他开发者可以基于"数说"的SDK开发个人数据记录工具，让用户拥有搜集更多的数据和数据权益。创立"数说"是为了解决这个社会上事关所有人的"痛点"——用户创造的数据价值跟用户没一点儿关系，甚至根本不归用户所有！

微信可谓基本实现了自己"连接一切"的愿景目标。但微信的连接一切，是在互联网时代实现的。现在人类正进入智能设备大爆发的时代，万物互联的物联网时代正在加速到来。无论在移动互联网时代，还是在物联网时代，连接一切的产品形态，一定是那些以"数据"为纽带的"价值互联网"。也就是说，那些能把一切智能设备连接起来，以及把一切智能设备跟人连接起来的产品和应用，将很可能取代微信的地位。

"数说"在做这样的努力。我们规定在"数说"平台上的个人数据并不是专属谁的，而是属于所有参与的用户，个人数据开发利用的收益必须返还给数据的所有者用户个人所有。建立在区块链技术上的"数说"将会打破科技巨头统治用户的商业潜规则，变革才刚刚开始。

>>> 个人圈

"物以类聚，人以群分"。

微信的用户，从最早的互联网"老鸟"和一二线城市人群，一路扩展到农村，从年轻白领扩展到中老年用户。很多人的微信好友数量已经逼近 5000 个的系统上限。按照流行的社交理论，人类的人际宽度上限是 150 人，超过这个数，人就会对处理社交关系感到头疼。

现在很多人动辄数百、数千个微信好友，越来越多的人出于安全考虑不愿意或不敢发朋友圈。可以说，微信的人际负荷已经严重过载，给很多微信用户带来很大压力。信息过载会让人产生不愉快的感受，红点密集让人产生焦虑和失控感。

除了人际过载，微信的内容负荷也在过载。目前微信公众号太多了，导致用户注意力分散，公众号内容的关注度集体下滑。一些知名微信公众号玩家比如"罗辑思维"创始人罗振宇公开表示，微信公众号的打开率在不断地降低。

众所周知，朋友圈已经给许多人带来了困扰和焦虑。基于我们对个人数据价值的认识，"数说"规定所有个人的发布活动——无论是发布任务或者资讯，还是个人的活动日记，照片、文字或者视频，统统按照时间顺序以"瀑布流"的样式储存在"个人圈"中，这是一种默认的行为，因为数据所有权属于个人。客观上个人数据的"碎片化"和"分散化"，缺乏长期持续的积累，不便于"携带"和"证明"，也是个人数字资产价值无法显现的主要原因，建立一个完整的"个人圈"，目的就是打造一个完全属于个人掌控的数据库。

为了有别于微信的"朋友圈"，"数说"建立了一种巧妙的区分机制，即勾选发布页面的朋友圈选项的一些数据，才会出现在朋友圈中。这样做的目的，即建立一种分类筛选的机制，不必将一些属于个人的东西，一些不愿与他人分享的东西也发布到"朋友圈"中，我们希望我们的"朋友圈"中真正是一些值得与朋友分享的思路、理念和价值观，而不是发表一种信息大爆炸的朋友圈广告和一些毫无意义的自我炫耀。朋友圈中要放一些我们具有共同点的东西，没有共同价值观的东西，应该留在用户的"个人圈"。

>>> 资讯圈

"数说"将所有和"钱"相关的活动放置在"资讯圈"中，这样数据才能变成真正的"资"讯。

坚持以需定供的原则，即个人发布需求信息后才允许相关人进行响应，不允许任何人以任何方式对他人进行宣传推广和信息轰炸骚扰等，否则要对被侵占浪费个人时间及精力等的用户予以补偿。"数说"建议任何生产者发布广告或者宣传产品要直接对消费者进行补偿或者让利，而非把钱花在所谓平台推广和宣传上，花钱再多也无助于消费者提升价值。

社交关系网是"数说"的故事中最有想象空间的部分。微信上的社交活动主要是发消息、传照片和评论照片，但人们平时的社交是一起吃饭、唱歌、喝咖啡、打牌、看电影和聊天。"数说"意图构建一个去中心化的分类更明确的社交网络，同时要把用户的数据读取权限、广告收益还给每个用户，用区块链价值传递代币激励机制来盘活社区用户的积极性。这样的社区一旦运转起来，增长速度会非常惊人。短时间内即使依然很难与 BAT 抗衡，但增长速度应该会非常迅猛，参与者的收益应该不会是大的问题。

"数说"想打造成为一个"基于区块链的微信""在社交网络结构中引入数字货币""使用户对屏幕展示定价、对数据使用定价，向用户直接支付广告费""通过智能合约使转发获得多级收益分成""可对内容定价，通过智能合约进行版权融资"。把微信 5 000 亿市值分给用户，创造基于社交网络的数字内容分发平台。

"数说"发行了数字货币人生币，用于不同诉求的参与者之间唯一通用数字货币，系统定义了每次流转将收取 1‰ 的"税收"并自动销毁，累计将销毁总发行量的 30%。当人生币价值的逐步走高，将吸引更多用户参与到建设"个人数据库"的"理想国"中；基于社交网络的扩散性，早期通过买优秀内容的首发、吸引头部"大 V"和 KOL（key opinion leader，关键意见领袖）入驻"数说"，很有可能将成为"数说"早期获取用户的主要途径。

区块链本质上是实现了去中心化的价值转移，既然是转移，必然转移双方都需要在链上的合作。把个人数据用区块链声明版权、做定价非常容易，但让所有人在这个数据链作为价值传递中介，必须建立在区块链技术完全渗透到现实生活的每一个角落，这在短期内无法实现。

"数说"实际上通过社交网络，创造一个虚拟世界：在这个世界里的人们相互交易、协作、购买都通过数字货币与智能合约的形式完成，这是一个能够快速将区块链普及到普通用户生活中的方式。社交关系链是所有商业的基础，微信能发展成为IM、支付、微商、小程序、公众号等无所不包的巨无霸，社交关系链是其内核，Facebook的商业价值也同样来源于此。区块链的未来，会有两套不可或缺的"链"：一是数据链——去中心化不可篡改的账本；二是关系链——人与人的关系网。在未来区块链的世界中，关系链将与数据链有同样的价值，甚至将超越数据链。

利用"数说"可以做到完整的价值传递。这可以按照两层意思来理解：第一层是简单的价值传输，我们可以把个人数据进行计数和积分，并折算成一定的实际价值，以此为价值中介进行全球性流通，让价值传输无比便利。这个虽然看起来简单，但意义可能巨大。我们这么来看，微信、支付宝小额移动支付的便利激活了一个万亿级别的知识付费行业（方便地打赏和购买），这是支付的便利带来的行业变革，而数据价值流动的便利性必然会给全球带来更巨大的影响。第二层则是代币的流通或者说代币经济学带来的价值吸纳。购买代币背后不是简单的购买服务，而是购买了整个生态。比如基于区块链的内容平台"数说"，发行了时间豆来奖励数据内容生产者。"数说"平台上每一个数据内容资产的增加，都会带来新价值的产生，又会吸引更多的用户，用户越多，消费活动也会增加，时间豆的价值也相应增加，可以吸引更多的内容生产者。这种正向循环，形成生态效应。由于时间豆的限量流通，能够吸纳整个数据生态链的价值。对于价值传递而言，价值流动越快，社会就越有活动。因为数据价值的区块链传递，使得没有体现个人数据价值的互联网巨头们遭受道义上的冲击，也许将会产生一场颠覆性的革命。

>>> 地域圈

人类在地理空间上的每一个行为都可以视为是发生在一定地域范围的，例如可能有人终其一生也没离开居住地周边五十公里范围内。从地域范围推导出来的"区位"（location）在城市规划领域是一个非常重要的概念。城市规划原理基本上都是围绕"区位"做文章，例如农业生产中农作物物种的选择与农业用地的选择，工厂的区位选择，公路、铁路、航道等路线的选线与规划，城市功能区（商业区、工业区、生活区、文化区等）的设置与划分，城市绿化位置的规划以及绿化树种的选择，房地产开发的位置选择，国家各项设施的选址等。

　　特别是房地产等大宗不可移物品，与地域范围的关系更为密切。北上广深的房子和距离只有一两百公里的房子的价格是不可同日而语的。某宗房地产与其他房地产或事物在空间方位和距离上的关系，除了其地理坐标位置，还包括它与重要场所（如市中心、机场、港口、车站、政府机关、同行业等）的距离、从其他地方到达该宗房地产的可及性、从该宗房地产去往其他地方的便捷性以及该宗房地产的周围环境、景观等。其中，最简单和最常见的是用距离来衡量区位的好坏。距离包括空间直线距离、交通路线距离和交通时间距离。现在，人们越来越重视交通时间距离而不是空间直线距离。

　　有一句老话，"location，location，location"（"地段、地段、还是地段"）。这句华尔街名言被香港超人李嘉诚引用后，广为传播，乃至成了所有人对于房地产投资的不二法则。

　　"数说"遵循了"地域优先"的原则，推送的所有"信息流"与用户的位置密切相关，即只是与用户距离最近的人的数据信息才会优先展示。试想一下，你要想吃某种水果，即使远在千里之外的某处可能比当地还要便宜，你是否会不远千里舍近求远呢？假设你在深圳工作，但是你到惠州买房，即使价格便宜了很多，但是天天动辄几个小时的上下奔波，估计不出半年你就会后悔的。无论是"灯红酒绿"的都市，"繁花似锦"的景区，还是直播平台的窈窕美女，只要空间距离超过一百公里，其实就与你的日常生活没有多大关系，跟你有关的只能是你附近的活动，你的同事以及你的家人。

六、从"垄断"到"共享"
如何推动个人大数据产权交易?

■本书从头至尾都在宣扬这样一个事实:用户提供数据只是为了获取相应服务或者产品,属于数据使用权的范畴,而互联网企业进行开发、分析、判断"用户画像""精准营销"等进入了数据开发权的范畴,从公平的角度要对用户进行经济补偿。这样做的意义一方面是给用户以充分的尊重,"不白白使用用户数据";另一方面,要让所有的数据的使用透明化,因为用户数据也是一种企业成本,"要充分承认用户的价值和贡献"。

浪潮集团广东区总经理、集团副总裁孙海波先生曾经说过,大数据时代的来临改变了人们的生活,其具有多面性。大数据要由有良心的企业让其发挥正能量。例如,国家提倡的"精准扶贫"战略就是数据正能量的体现。但反之,数据的隐患也是值得我们考虑的……

数据垄断的"三座大山"

数据垄断是相对数据民主而言的，是指重要数据被控制在少数人手中，并被不合理地分配与享用。对于企业而言，是费尽心血才堆积成的数据"富矿"，肯定舍不得放手，当然也舍不得开放共享。现实情况也是如此，企业"垄断"数据现象非常突出。业内俗称"行业细分领域只有第一名可以生存"其实就是对数据垄断企业"赢者通杀"的真实写照。典型如 BAT 三大互联网巨头凭借其固有的互联网优势，掌握了大量数据。三家公司各自占据自己的领域，成为无数小公司难以逾越的高山。根据易观国际数据显示，阿里巴巴和腾讯的第三方支付服务占据了中国市场的九成，其他企业再也很难进入。[①]如果从数据时代非常主要的三大要素人工智能（AI）、大数据和云计算三个维度来看，BAT 三大企业已经基本实现了对大数据的垄断。BAT 体系并不开放，如高德地图被阿里巴巴收购之后，不再向外界公开开放地图数据。国家工商总局也曾表示，个别互联网巨头不愿配合监管分享数据。

竞争的一般趋势总是大企业战胜小企业，大资本吞噬或控制小资本。因此，伴随着生产力发展而来的必然是生产资料（生产资料包括人力和资本）日益集中于少数大企业。既然属于资本主义经济体系下的范畴，就算互联网是科技革命下的新兴产业，也不会跳出这个客观规律。生产扩大的过程，同时也是生产不断集中的过程。而当生产和资本集中发展到一定程度时，就自然而然地走向垄断。

当一个行业的生产和资本已经高度集中时，就会使竞争遇到严重的困难和阻碍，这时，不但这些行业原有的许多中小企业很难与少数大企业进行较量，从而不得不处于受支配的地位，而且还会使新的企业很难建立和挤入这些行业。现在互联网创业圈有一种说法，"已经不是 BAT 抄你怎么办的时代了，而是如果 BAT 不投你怎么办了"。对于一些小企业而言，BAT 等互联网巨头掌握了几乎所有的上游资源和下游渠道，如果无法获得他们的青睐，也

---

① 最新第三方支付报告：支付宝微信占据九成江山. https://www.sohu.com/a/142172 542_186174.

就意味着企业无法在这个行业立足。

>>> 消费行为数据

大数据最有价值的领域当属于电商，而阿里巴巴整个公司都始于电商，阿里巴巴所拥有的是海量的电商数据，这可谓是阿里巴巴大数据之魂。起初阿里巴巴的数据产品名为"量子恒道"（现已更名生意参谋，专为淘宝卖家分析数据使用），可以说阿里巴巴对于大数据的认知起点就是始于这个电商数据分析软件的。从 2008 年起，阿里巴巴就把大数据作为一项基本战略，有这样的意识完全是因为阿里巴巴在电商领域里尝到过甜头。从此以后，阿里巴巴进而由电商逐步涉及制造、金融、政务、交通、医疗、电信、能源等众多领域。

阿里云创立于 2009 年，截至 2016 年第三季度，阿里云客户超过 230 万人，付费用户达 76.5 万人。在天猫"双十一"全球狂欢节、12306 春运购票等极富挑战的应用场景中，阿里云保持着良好的运行记录。但现在国内若论云计算，阿里云是最强的，就世界范围来看，阿里云也是仅次于亚马逊和微软位列第三。马云和王坚的高瞻远瞩，甚至逐渐让人嗅出了一丝论老练能强于贝佐斯的味道。

我们都看到马云在轰轰烈烈地推出"新零售、新金融、新制造、新技术、新能源"五新战略及"全球买、全球卖、全球运、全球付、全球游"五个全球化。

与此同时，在人工智能方面也没有闲着。当用户在网上搜索资料时，看到的资讯早已经过了人工智能的精准计算；在电商平台上，用户看到的商品也是根据平时浏览的商品计算得来。也就是说，阿里云也早已开始把人工智能技术落地。

启明星辰副总裁华南区总经理李春燕表示：当前国内由于信息技术的变革，引起数据的集中化程度越来越高，信息技术在更好地为广大群众提供便利的同时，也产生了一系列安全问题。启明星辰作为安全企业，主要是从相关专业技术方面深入研究大数据安全，并运用在安全管理平台、数据防泄密等产品上，期望通过启明星辰的研究成果为广大群众的隐私和信息安全提供保障。

>>> 社交场景数据

腾讯是大数据领域内"闷声发大财"的典范，很少有相关数据开发消息或者报告面世。但实际上在 2009 年 1 月，腾讯就搭建了第一个 Hadoop 集群，到 2010 年 6 月时，TDW v 0.1 版就发布了。

腾讯坐拥社交数据、游戏数据、交通数据、舆论数据等场景化非常高的数据。其中的社交数据，是腾讯自身最擅长的东西。如果腾讯愿意，它甚至可以通过分析得知用户的社会关系、性格禀赋、兴趣爱好、隐私绯闻甚至生理周期和心理缺陷。事实上腾讯游戏的开发，以及一些产品的改进，也正是基于这些数据进行的，这使得腾讯游戏的发展产生了"马太效应"，坐拥海量游戏数据，做针对性的开发，然后继续完善数据，再开发新游戏，风靡一时的"王者荣耀"就是基于此开发出来的。

腾讯的大多数消费数据都来源于游戏与增值服务。腾讯游戏的收入可谓暴利，因为游戏迷们总是愿意付出高昂的费用来购买虚拟道具，以此满足自己的虚荣心。

作为拥有使用频次最高、用户停留时间最长、最具有场景化的社交数据，腾讯在 AI 上自然也会不甘落后。腾讯集团副总裁、人工智能实验室负责人姚星在 2017 年会上发表演讲，详细解读了腾讯在人工智能方面的战略规划。腾讯在 AI 上面的考虑主要基于四个垂直领域：专注机器学习、自然语言处理、语音识别和计算机视觉四个方向的基础研究。具体而言，在计算机视觉领域，除了传统的图像处理，腾讯还会引入 AR，也会引入空间定位技术；语音识别会引入自动翻译方面的一些技术；自然语言处理，除了人的认知行为的一些研究，还会对聊天机器人这类的应用做一些研究。

>>> 互联网搜索数据

作为 BAT 三家中数据量最大的公司，百度的大数据其实起步是最晚的，自 2014 年 4 月 24 日起，百度正式宣布对外开放"大数据引擎"，包括开放云、数据工厂、百度大脑三大组件在内的核心大数据能力，通过大数据引擎向外界提供大数据存储、分析及挖掘的技术能力，将面向多个传统领域逐步开放。同年 8 月 18 日，联合国与百度宣布启动战略合作，共建大数据联合实验室。据悉，联合国开发计划署与百度大数据联合实验室的目标是探索利用大数据解决全球性问题的创新模式。

百度在开发和运营一整套自主研发的大数据引擎系统，包括数据中心服务器设计、数据中心规划和设计、大规模机器学习、分布式存储、超大规模集群自动化运维、数据管理、数据安全、机器学习（特别是深度学习）、大规模 GPU 并行化平台等方面，百度"大数据引擎"具有先进性和安全性。

现在的百度从大数据出发，在 2012 年就成立了深度学习实验室（IDL），后历经数位技术大咖操刀，已经成为国内 AI 技术的标杆实验室，并成为李彦宏未来蓝图中百度的重要押宝方向。

自百度以人工智能作为未来战略以后，大大加强了在技术上的投入。目前光人工智能团队已经有 1 300 人的队伍，当中有 300 名百度研究院成员作为其"大脑"。同时，百度的人工智能技术已经在应用中、实践中走入成长阶段。目前，百度人工智能每天服务上亿用户，全面支持搜索、广告、地图、安全、消费金融等百度现有业务，并孵化出了无人驾驶、DuerOS 语音交互、人脸识别等多项由人工智能驱动的新业务、新技术。

最近网上有人戏称之为"中国 AI 黄埔军校"，说百度撑起了中国人工智能领军人物的半壁江山。可以说若论 AI 人才储备，百度就是中国 AI 中的霸王。这个说法自然有些戏谑，但毫不夸张。《福布斯》也在发布的另一份报告中指出，百度将自我学习、神经元网络技术融入了核心的搜索业务之中，实现经营方式的创新，也许会成为新的增长点。

在中国高科技公司中，百度是最有技术底蕴的一家。如果说阿里巴巴是以电子商务立足，腾讯是以网上社交立足，那么百度就是以搜索技术立足。因此在技术的发展上，百度具有先天的企业基因。

》 国外的数据垄断[①]

Facebook 和谷歌这类公司往往扮演着创新和自由化的角色。但随着 Facebook 和谷歌的规模越来越大，它们反而成为创新的阻力，我们直到现在

---

① 主要观点源自索罗斯在 2018 年 1 月 25 日达沃斯演讲全文：人类正处在相当痛苦的历史阶段。

才开始意识到它们所造成的一系列问题。

公司通过榨取环境来赚取利润。采矿和石油公司榨取自然环境；社交媒体榨取的则是社会环境。后者的行为影响更加深远，因为社交媒体潜移默化地影响着人们的思想和行为。社会媒体甚至能对民主的运转产生负面影响，特别是选举的公正性。

互联网平台公司的典型特征是人际网络和边际收益，这也解释了它们迅速成长的原因。网络的效应确实超乎想象，但并不具有可持续性。Facebook花了八年半时间积累了 10 亿用户，随后又花了四年多时间再度获得 10 亿用户。按照这个速度，不出三年时间 Facebook 的用户增长将陷入停滞。

Facebook 和谷歌垄断了一半以上的互联网广告收入。为了保持领导地位，它们需要扩大网络，吸引更多用户的关注。目前，这两家公司为用户提供了便利的平台，用户在平台上停留的时间越久，给它们创造的价值就越多。

内容提供商也给社交媒体的盈利做出了贡献，因为它们不可避免地要使用社交媒体。

Facebook 和谷歌惊人的利润主要得益于它们对平台上的内容既不承担责任，也不支付费用。它们声称自己仅仅是内容的传播者。但是近乎垄断的地位也使它们成为公用事业一样的实体，从而应该接受更加严格的监管，以便维护市场竞争、创新以及公平和公开参与性。

社交媒体的商业模式建立在广告之上，它们真正的客户是广告主。但新的业务模式正在形成，不仅依赖广告收入，还直接向用户销售商品和服务。社交媒体利用掌握的数据，通过差别定价的方式将服务打包出售，以此获得更多利润。社交媒体公司通过欺骗的手段，故意将用户的注意力转移到它们提供的服务上。这种行为十分有害，尤其是对青少年。互联网平台与博彩公司颇具相似性。赌场开发的技术能将赌徒引导到特定的赌桌，让他们输光所有钱。社交媒体公司也一样，他们正在引导人们放弃自主思考的能力。对民众思维的塑造力正越发集中到少数几家公司手中。我们需要努力捍卫哲学家约翰·斯图尔特·密尔所称的"思想的自由"，对成长于数字时代的人们而言，一旦失去，就难以重获这种自由。

这种状况也具有深远的政治影响。失去思想自由的民众很容易被操纵，这一点在 2016 年美国大选得到了极好的印证。

但面对规模巨大且成长迅速的市场，美国 IT 巨头也不得不选择低头。这些巨头的股东们把自己看作是宇宙的主宰，但事实上，他们只是自己垄断地位的奴隶。对这些巨头而言，其全球主导地位被打破也只是时间的问题。政府的监管和税收措施对这些 IT 巨头不利，欧盟竞争委员玛格丽特·维斯塔格也对它们当头棒喝。

IT 巨头垄断地位与不平等加剧之间的联系也越来越多地被人们认识到。股权集中在少数几个股东手中只是一方面，更为重要的是这些垄断巨头相互之间也展开了竞争。结果就是，垄断巨头吞噬了有可能成为竞争对手的初创公司。它们还准备占领由人工智能开启的新领域，例如无人驾驶汽车。

创新对失业的影响取决于政府的政策。在社会政策制定方面，欧盟（尤其是北欧国家）比美国更有远见，它们保护的是工人，而非就业岗位。欧盟愿意为失业工人的再培训或再就业买单，这给予了北欧国家工人更大的安全感，从而使他们比美国的工人更愿意拥抱科技创新。

而互联网巨头则没有意愿为自身行为的社会影响承担责任。在美国，监管机构的威慑力也不足以应对互联网巨头的社会影响力。欧盟则不太有这样的压力，因为欧洲目前还没有形成互联网平台巨头。

在对待垄断的态度上，欧盟和美国存在差异。美国的法律主要针对通过收购行为所产生的垄断，而欧盟的法律则禁止一切垄断行为。另外，欧洲法律对隐私和数据的保护力度大于美国。

美国法律采取了一种奇怪的解释：对垄断造成的损害的度量取决于价格上涨的幅度。这几乎是不可能被证明的，因为互联网巨头提供的服务多数是免费的。

数据资本家

数据资本家是数据经济蓬勃发展的主导力量和主要得益者，也是数据创新最重要的推动者。从全球范围来看，数据资本家可谓信息商业化时代最有话语权和最有影响力的一群人，他们指点江山、呼风唤雨，他们语惊四座，深受无数人顶礼膜拜。当然也有很多经济学家为数据资本家们站台背书——中国不存在数据垄断，置若罔闻地说"数据垄断"是一个模糊概念，数据垄断没有关系，对这些说客的说法摘抄如下：

有人称"数据垄断"，是从数据占有角度来说的，其实是指"垄断数据"。垄断是一个内涵极其丰富的词，其本义是指独占。这种说法使用了垄断一词的"独占"含义，即"独占数据"。但独占数据本身并不违反《反垄断法》，即使独占的是海量数据。独占数据，只有因此在某一相关商品市场形成市场支配地位，并滥用这种市场支配地位，才会违反《反垄断法》。

有人称"数据垄断"，是从数据流动角度来说的，其实是指"不共享数据"。数据共享是一个重要问题，涉及多方利益调整。不共享数据在很多情况下可能有正当理由，是符合相关法律规定的，不违反《反垄断法》。不共享数据，只有在涉及垄断协议或滥用市场支配地位时，才会违反《反垄断法》。

有人称"数据垄断"，是从个人信息保护角度来说的，其实是指"控制个人数据"。企业收集或共享个人信息，如果不履行告知义务或得到个人授权，对个人而言，企业就像黑箱，个人信息被控制、被"垄断"。但这种情况基本和垄断没有太大关系。

有人称"数据垄断"，是从数据收益角度来说的，其实是指"独占数据收益"。数据收益如何分配，是一个在目前争议很大的问题，但也基本和垄断没有太大关系。

有人称"数据垄断"，是从向相关部门报送数据角度来说的，其实是指"未充分向相关部门提供数据"。企业与政府相关部门的数据配合，是一个涉及面很广的问题，但与垄断基本没有关系。[①]

笔者看不出数据垄断涉及面很广、企业收集或共享个人信息这些何以能轻描淡写地说成"基本上和数据垄断没有什么关系"。也许，数据资本家真的是一个比较准备定义，数据资本家拥有当今世界最优质的商业资源、政治资源、人力资源……他们最根本的是拥有了信息时代最有价值的大数据资源，他们收集或共享个人信息，并且不断将其转化为"可获利信息"，不断促进他们的股价暴涨，因而也就拥有了惊人的财富。目前互联网的盈利模式其实是一个中间人的模式，也就是典型的通过建一个平台利用不对称的地位两边收钱的垄断模式。巨头建了一个巨大的平台，上面有无数的用户，为什么巨头如此赚钱，如此值钱，因为它是一个平台，也是一个巨大的中间人，广告商、供货商、用户其实都被中间人占据了很大的利益，所以中间人是一个巨大的利益体系。

---

①　杨建辉. 关于"数据垄断"的几点思考. https://www.sohu.com/a/150492714_353595.

巨头们已经成为互联网各个应用领域的中心，如电商、社交、搜索、阅读。通过各种方式圈用户进来，然后通过信息垄断、出售用户注意力、诱导用户行为等方式营利。

2017 年 8 月福布斯全球科技富豪百强榜出炉，数据显示科技界的大佬们正变得越来越富有，全球前 100 位科技富豪资产总额首度超 1 万亿美元。得益于 2017 年以来的科技股价大涨，这些富豪的身家在 2017 年一共飙涨了 21%，达到了 1.08 万亿美元，较 2016 年增加了 1 890 亿美元。

新增的 1 890 亿美元资产中，有一半以上都来自排名前十的科技大佬，例如 Facebook 的创始人扎克伯格、亚马逊的创始人贝佐斯、腾讯的创始人马化腾、阿里巴巴的创始人马云等。在这 100 位科技大佬中，财富增长最快的 4 位分别是：

扎克伯格，财富较 2016 年增加了 156 亿美元（股价较 2016 年同期增长了 34%），以 560 亿美元的身家在全世界科技富豪中排名第三；

贝佐斯，财富较 2016 年增加了 155 亿美元（股价较 2016 年同期增长了 25%），以 728 亿美元的身家在全世界科技富豪中排名第二；

马化腾，财富较 2016 年增加了 147 亿美元（股价较 2016 年同期上涨了 60%），以 367 亿美元的身家在全世界科技富豪中排名第八，全亚洲科技富豪中排名第二；

马云，财富较 2016 年增加了 116 亿美元（股价较 2016 年上涨了 84%），以 374 亿美元的身家在全世界科技富豪中排名第七，全亚洲科技富豪中排名第一。

从中可以看出，拥有电商和社交媒体这些数据富矿的科技大佬财富增长最快。

"凡有的，还要加给他，叫他有余；没有的，连他所有的也要夺过来。"强者愈强，弱者愈弱。马太效应可谓是世间最冰冷的规则，却又无处不在。

在未来时代，数据资本家们可能会只利用你创造的数据，而毫不留情地将你搁置在一边，你的存在价值就是创造数据，包括你我在内的 99% 的人一点价值都没有，残酷吗？不，这就是用户数据被别人占有和开发利用的必然结果。

从世界范围来看，大数据垄断企业最终成为体制僵化、一切为利润为中心的机器，是大概率而不是小概率事件，因为尽可能追求垄断地位、榨取垄断地位带来的经济价值，相比持续、艰难地进行创新，更是这些企业梦寐以求的事情。

>>> 扩大数据价值公司

马云早不甘心做 B2B、B2C 了，早在几年前就开始为自己的商业帝国重新定义了淘宝，它"是扩大数据价值的公司"。

"和未来潜力相比，云计算和大数据还是个婴儿"，这句话一出，立刻震惊商业界，大家纷纷猜想，互联网下一步还会出现啥大事？大数据和云计算的强大，大家都已见识，共享模式只是大数据的一个婴儿而已，未来的发展真是无法想象。

阿里巴巴有 9 大业务板块，其实是在做数据，快速地拿实时数据：阿里医疗在拿做药品的实时数据；滴滴快的、高德地图在拿出行数据；微博、陌陌在拿社交关系数据；优酷土豆、阿里影业在拿线上娱乐数据；恒生电子在拿证券交易数据；菜鸟网络在拿物流数据；蚂蚁金服在拿支付数据；饿了么在拿餐饮服务数据；淘宝、天猫在拿全民交易数据；阿里早就不是做电商的公司了，几年前就已经转型成为"全球级数据价值服务公司"。

《商业周刊（中文版）》制作的"BAT 完全霸占互联网江湖"，可以看到各个细分领域、几乎所有有一定规模的创业公司、小互联网公司都已经被BAT 收购、控股或投资。该文作者尹生这样写道：中国的创业者，必须面对的现实是，如果不能入局 BAT（被投资或收购），往往就意味着衰落甚至死亡。在一日千里的中国互联网行业大战中，表面上的主角是这些陷入剧烈竞争的创业公司，但实际上，它们不过是 BAT 的代理人——尽管有时这些公司自己对此也可能不自知。道理简单而直接：对一家互联网创业公司而言，要想成功，就必须有持续不断的资金投入，以及用户流量等方面的支持，而BAT 有这些资源。

在笔者刚上大学那时候，创业成功的含义是创建了像腾讯、京东这样的企业，而在找工作的时候，笔者接触过的许多创业公司所定义的"创业成功"已经是"被 BAT 收购"。作为创始人，不管你想不想投入 BAT 的怀抱，选择权往往不在你的手里，中国有句俗话叫"胳膊拧不过大腿"，58 同城和赶集网合并背后有腾讯和百度的身影，美团网和大众点评网合并背后则有阿里和腾讯的身影，滴滴和快的的合并背后同样还是阿里巴巴和腾讯的身影，携程与去哪儿网的合并，背后则又有百度的推动。目前国内互联网行业是

BAT 三巨头的天下，垂直领域完全无法出现能与三巨头相抗衡的力量，甚至于整个互联网产业的发展方向还深刻地受到 BAT 三巨头的战略影响。

浪潮集团孙海波副总裁认为：浪潮大数据理念，就是聚合海量价值数据，释放数据正能量。数据已经成为整个社会运行的基础资源，无时无刻不在改变着人们的生产、生活甚至思维方式。

从产业发展来看，未来 5 ~ 10 年能超过电商的，一定是"数商"，未来决定城市发展的不再是土地和矿产红利，而是基于大数据的运营和服务所产生的数据红利。通过聚集更多的数据，发展数商，利用数据进行便民服务和创新创客，利用大数据建设新型智慧城市，发展数字经济，推动社会治理能力和治理体系的现代化，彻底释放数据的商用、政用和民用价值，真正实现"心中有数"。

数据主要包括组织数据和互联网数据，而组织数据的 80% 在政府方面，开放政府数据，将会更好地释放数据的正能量。浪潮公司通过政府开放食药监等数据，打造老百姓关心的"小饭桌"，搜索学校周边的工商登记小饭桌，通过白名单的方式，杜绝黑饭桌、假饭桌，有效保障中小学生的餐食安全。浪潮天元数据通过对互联网数据的采集使用，帮助实体经济插上腾飞的翅膀。在传统手工作坊，老工匠们用铁锤敲打 36 000 次才能打出一口不粘铁锅，非常环保，但缺乏产品包装、营销渠道，几十块都卖不出去。大数据创客公司利用天元大数据分析铁锅的市场需求、消费喜好，精准定位客户，打造了"臻三环"铁锅品牌，一个月卖出上万只铁锅，价格也提升了三倍。这些，就是数据在不断释放出新的价值，为社会带来更多的正能量。

》》 中国新首富

悄然进入 2018 年，在福布斯全球富豪实时榜中，马化腾以 500 多亿美元的身家超过马云和许家印，成为中国新首富。同为首富，马云在 2014 年成为首富时，呼声一片，人人为之叫好，而现在马化腾成为首富时，却是骂声一片。

近年来，似乎马化腾包括旗下的腾讯成为"招黑体"，不管在哪儿，只要是有腾讯的出现，总会听到一片骂声，这完全与当年马化腾初创腾讯的愿景背道而驰。1998 年，秉着"做最受尊敬的互联网企业"的愿景，腾讯五虎马化腾、张志东、许晨晔、陈一丹、曾李青共同创办了深圳腾讯计算机系统有限公司，当时靠拓展无线网络寻呼系统业务在商海里沉沉浮浮。

1999 年，因其仿照 ICQ 开发的即时通信软件 OICQ 抢走了大量用户，被 ICQ 公司投诉败诉后，腾讯 QQ 横空出世。凭其快速增长的用户，腾讯获得了第一笔投资，从此，腾讯从资金困难到柳暗花明，步入正轨，2004 年 6 月 16 日，马化腾带领的腾讯在香港交易所主板挂牌上市了。之后，凭借着这只小小的企鹅，腾讯的路越走越宽，在社交、支付、娱乐、资讯、工具、平台等多个领域均有突出表现，打造了如今的庞大商业帝国。

但随着腾讯涉及的范围越广，马化腾遭到的非议也越来越多。而最让人反感的，无疑就是当年"3Q"大战时，腾讯以垄断来绑架用户的低级行为了。最让人恨之入骨的，当属腾讯旗下的游戏产品对青少年的腐蚀（暂且不论沉迷游戏孰是孰非，周围的骂声都是马化腾和腾讯在背着）。远的有当年的"QQ 飞车""地下城与勇士"，让无数学生逃课辍学，近的有 2015 年上线的"王者荣耀"，让多少未成年人沉迷其中，影响其健康成长。

在周围的质疑和非议声中，2018 年马化腾终于成为中国首富，人红是非多，此时的马化腾，一边享受着中国首富的虚名，一边背负着骂名，就像腾讯表示没有保存也不会动用户数据，转身又说已掌握几乎每个中国人的长相变化那样自相矛盾。

》》 个人隐私换方便？

2018 年 3 月 26 日上午，中国发展高层论坛上百度公司董事长兼首席执行官李彦宏表示：中国用户在个人隐私方面更加开放，一定程度上愿用隐私换方便和效率，但百度也会遵守相应法律法规，在保障用户信息安全和运用用户数据为之提供更好的服务之间，找到更好的平衡点。对于李彦宏这句"中国用户愿用隐私换效率"，有很多网友不认同。有网友称通过手机搜索了关键词，然后点进了一个网页，不到一分钟就接到了推广的电话，即便没有注册也没有登录，对方也能准确地得知你在什么时间搜了什么关键词、浏览了哪个网站。这种情况，你遭遇过没有？

李彦宏这番话引发舆论反弹，并不意外。但其选择在大庭广众之下说出这样的话，有点意外。而人们最害怕的，不是李彦宏往枪口上撞说了错话，而是他也许说了真心话，是科技巨头对用户核心利益熟视无睹的情况下脱口而出的。

中国的用户何曾不在意自己的隐私？当算法与大数据正如水银泻地一般进入各领域，无论算法推荐新闻、大数据消费，还是基于大数据的公共治理，大数据无处不在，也正给这个时代带来惊喜。但随之而来的也有隐私问题。算法推荐让新闻无比精准，也将个人阅读习惯完全记在账上；电商平台上稍作浏览，同类商品立马展现在其他网页，用户毫无隐私可言；疑似大数据杀熟案例相继曝光，数据巨头是不是准备将消费者的剩余价值吃干榨尽? 当大数据为时代精准画像，人们却仍在继续使用，这难免就有成为透明人的忧虑。

>>> 互联网广告

　　BAT 攫取惊人广告收入来自于他们积累的大量客户。至 2017 年 3 月，福布斯全球最具价值品牌 100 强中，近八成的消费品牌已入驻天猫。而其中线上营销是必不可少。天猫超级品牌日、一夜霸屏、淘宝直播、"粉丝趴"、"双十一"等产品，都已吸引了广告主的注意力。

　　BAT 与国际数据垄断巨头的发展模式如出一辙。比如 Facebook 上有 20 亿用户相互关联，从而产生大量数据、内容，因此 Facebook 才能基于用户数据分析，通过广告的方式每年获取 360 亿美金的巨额广告收入! 然而，用户贡献了数据、内容，看了广告，收入却和用户没有半毛钱关系，只有极少数的人通过买 Facebook 的股票赚到了钱——这是数据垄断企业的天然弊病。

　　Uni Marketing 全域营销从整个阿里体系出发来解决广告主精准营销问题。从 2017 年开始，阿里一直在推广 Uni Marketing 概念，可谓想要从根本上解决精准问题，是基于阿里大数据每个 Uni ID 背后实实在在的每个消费者。根据观察，目前阿里在花大价钱投入到品牌广告上。

　　从广告收入占比营收收入来看，腾讯的广告收入只占了自己营收的 17% 左右，与阿里、百度相比相差很远，阿里、百度的广告收入是腾讯的两三倍。腾讯也开始意识到这个问题，这两年在广告上也一直动作不断。最引外界注意的是内部组织架构的调整。

　　据传，OMG（网络媒体事业群）旗下的效果广告业务（智汇推），将被划归给 CDG（企业发展事业群）旗下的广点通。OMG 拥有腾讯新闻客户端、天天快报以及腾讯网等产品，外界介绍其主要销售品牌展示广告；CDG 旗下的社交与效果广告部拥有微信、QQ 等社交产品，外界介绍其被划归到效果广告的范畴。

　　从目前趋势来看，效果广告在腾讯的地位可能会更胜一筹。比如 2016 年效果广告第四季度收入同比增长 77% 至 51.68 亿元，占网络广告营收 62%，主要受来自微信朋友圈、腾讯移动端新闻应用及微信公众号广告收入的贡献增长所推动。腾讯要想在广告方面真正地一展宏图，最重要的还是"连接"这个问题，如何把庞大的腾讯产品王国协调起来是最大的难题。

从这两年广告收入都占总收入 90% 以上来看，百度一直就是靠广告吃饭，所以也一直在想方设法寻找花样做广告。百度在广告上的两个关键词是"人工智能 + 信息流"，目前，大家都仍在等待百度人工智能大成的时候。

至于信息流这块，效果显著。根据数据显示：百度第二季度财报显示资讯流广告收入每天达到 3 000 万元，而在一季度末这个数字才 1 000 万元。2017 年 100 亿元的目标触手可得，与今日头条收入将旗鼓相当；其实如何获取收入对于百度而言不是大问题，最应当做的是警惕"魏则西事件"再次发生，否则会令百度元气大伤。

从 BAT 的情况来看，广告收入将会占据它们越来越重要的地位，未来的广告之争势必激烈。其实广告这几年真的很火，不仅仅只是 BAT 的广告份额越来越大，一些传统公司也在逐渐进入广告行业，并且把它作为主导力量。

》》 大数据杀熟

2018 年 2 月 28 日，《科技日报》报道了一位网友自述被大数据"杀熟"的经历。[①] 据了解，他经常通过某旅行服务网站订一个出差常住的酒店，长年价格在 380 元至 400 元。偶然一次，该网友通过前台了解到，淡季的价格在 300 元上下。他用朋友的账号查询后发现，果然是 300 元；但用自己的账号去查，还是 380 元。因为这种电商对老熟客反而更不友好的销售方式一时让群众难以消化，网上的议论、爆料不断。同样的商品或服务，老客户看到的价格反而比新客户要贵出许多，这在互联网行业叫作"大数据杀熟"。调查发现，在机票、酒店、电影、电商、出行等多个价格有波动的平台都存在类似情况，且在在线旅游平台较为普遍，而国外一些网站早已有过类似情况。在一些网站，大 V 在客服投诉等方面甚至享有特权。同时，还存在同一位用户在不同网站之间数据被共享这一问题，许多用户遇到过在一个网站搜索或浏览的内容立刻被另一网站进行广告推荐的情况。有网友表示"我打网约车和同学的路线差不多，车型也一样，我要比他们贵五六块，对此不解"。另一位则解释称"你在常规地方打车，比这个点 500 米外要贵 10% ~ 20%"。还有的则回应"我和室友从公司回家的路线是同一条路，每次打车她都比我贵

---

① 为什么说大数据杀熟是一种误解？https://www.sohu.com/a/230265418_104421.

七八元，因为她的手机系统是 iOS，我的是安卓"。根据手机型号不同而给出不同收费待遇的还有某视频网站，"视频网站会员费安卓和 iOS 收费不同，iOS 年费 248 元，安卓登录同一个账号年费 178 元"。

一位网友则称，自己在某电影票订票平台上体验到了被"杀熟"。她表示，用新注册的小白账号、普通会员账号和高级别的会员账号同时选购同场次电影，最便宜的是小白账号，其次是普通会员账号，而高级别的账号一张票要比小白账号贵出 5 元以上。另外，2017 年下半年开始，电影票平台价格显示均价 30～40 元，而一年前均价为 20 元。也有小部分网友提到在国外被"杀"的经验，匿名用户提到"英国都是这样杀熟的，所以比如宽带、车险什么的，都是每年换一家更便宜"；有用户说，"Lyft 每天晚上 9 点整准时把打车价格抬高 20 美金。"多名网友对"杀熟"表示不惊讶，称这种事情其实早就有了。最早要追溯到亚马逊在 2000 年的一个差别定价"实验"。当年，有用户发现《泰特斯》（*Titus*）的碟片对老顾客的报价为 26.24 美元，但是删了 Cookie 后发现报价变成了 22.74 美元。这件事情的曝光，让亚马逊面临消费者如潮的谴责，最后 CEO 贝索斯亲自道歉，称一切只是为了"实验"。这是否仅仅是个"实验"不得而知，但调整价格来"追逐利润"是毋庸置疑的。不过，知乎网友对背后的原因还深挖了一层，就是从经济学的角度做出解答。其中，他们频繁地提到"价格歧视"（price discrimination）这个词。

针对上述现象，大量用户表示极为不满。但是很多无良的互联网企业却利用了大数据这个利器作恶。他们会给消费者的每一次行为打数据标签，会为你打上千甚至上万个标签，比你自己都了解自己，然后利用这些标签和你的消费习惯牟取不属于他们的利益。还有的网友称，"原来大数据是精准靶向坑人"。有专家认为，这种行为属于一级价格歧视；还有专家则表示，这一价格机制较为普遍，针对大数据下价格敏感人群，系统会自动提供更加优惠的策略。

数据奴隶

新浪微博拆分上市时，CEO 曹国伟骄傲地对华尔街说，新浪微博有 1.438 亿的月活跃用户，所以新浪微博应该估值 50 亿美金以上，单个活跃用户价值 50 ～ 100 美金。

这就是巨头们的规则：把每个用户估价，向资本市场要估值，并依靠贩卖用户的注意力、UGC（用户原创内容）和 PGC（专业生产内容）等方式来赚钱。只是这些估值和收益，与平台上的用户没有半毛钱关系。

微信、淘宝、今日头条、新浪微博……这些拥有数亿活跃用户的平台，正如微信之父张小龙自诩的，拥有"上帝视角"。数亿用户就像羊群一般，随着平台的各种产品调试、活动引导被"驱赶"，做出平台规划者想让他们做的事情，要么看广告，要么多买点东西，要么多停留一些时间……

例如今日头条、百度新闻，为了 DAU（日活跃用户数量），可以不停地在 Feed 流（单元信息流）中给用户提供各种低俗黄暴的内容。而自称"克制"的微信，也为了自身商业利益，在微信中封杀网易云音乐（现已解禁）等拥有数千万级用户的应用。微信严令紧抓"诱导分享"行为，而微信的发展壮大恰恰就是建立在利用通讯录和 QQ 等诱导分享才发展壮大的。

99% 的用户在平台中贡献着活跃度、注意力、内容，却得不到任何回报。1% 的大 V 在微博、微信等平台赚钱，却也如偷窃一般感到羞耻，这是不应该的。没有这些用户，这些巨头平台又有何价值呢？

用户没有话语权，没人在乎用户的感受，包括用户自己也没有意识到这点，所以才造就今天平台中心化当权的局面。

互联网金融

>>> 压榨机器

目前的主流产品有两类，现金贷和消费分期。现金贷，可以理解为支付宝上的借呗，指纯线上、不限用途的小额信用贷款业务。消费分期则类似于花呗、京东白条，是基于具体的消费场景分期付款，如教育、医疗、买手机等。消费金融公司、互联网金融平台推出的消费贷与银行不同，平均借款金额普遍是几千元，针对的用户是传统金融机构"照顾"不到的"长尾"人群，主要以三线以下城市人群为主（多元化职业），二线以上城市进城务工人员（基础服务业：餐饮业、快递业、制造业等），毕业两年内的学生（低收入白领、蓝领等）。

这类人群主要的特点：80%的客户在生活中平均2个月借一次钱；70%的客户一年中超过3次迟发工资；44%的客户会提前主动还款；70%的客户连续两个月有借款需求；80%的人收入水平低于5 000元/月。在电商平台，80后、90后则依靠支付宝花呗、京东白条等产品，逐渐养成贷款消费的习惯，现在平均每4个90后中就有一个人在用花呗。而这类人群的另一个特点是基数众多！

所以扒去金融科技和大数据的外衣，互联网金融做的就是一种互联网次级贷款（高利息小额借贷）生意，收割的是一群消费水平超出了消费能力的低收入群体。而他们普遍财商不高，自控力低，难以挣扎出生活的泥淖。

现金贷客户主要是中低收入人群，由于都是提前消费且感觉不大所以黏性非常高。很多人不自觉地就会陷入反复借贷死循环中，不停地填自己为自己挖的坑，反反复复产生借贷需求。并且大多数风控基本为零，逾期率极高。这类互联网平台大量招聘线下人员盲目扩张，放款随意导致整个行业共债盛行。当用户资金流覆盖不了债务，逾期成了必然产物。利滚利、息滚息，导致利息比本金高出好几倍。这些人多数会逾期、赖账，甚至骗贷。于是，比这群"老赖"更为优质的用户就要用高额的利息为这群老赖买单。在这个暴利游戏吃亏的永远是"老实人"。

现金贷人群最开始过度使用消费分期付，当分期付款的财务窟窿过大，收入现金流无法填满债务时，就使用现金贷去借钱来填，但现金贷也要付利息，只能再去其他现金平台借更多的钱来还利息……结果就变成无法填也无法爬出的大坑。而这种现金贷共债者的比例超过95%，这些共债者一定至少在两家现金贷平台上有借贷记录，平均借贷次数在6次左右。找不同的平台借钱，已经成为他们生活的主旋律，跳出来成为一个遥不可及的传说。

对极其渴望金钱的人而言，在不同平台借钱和吸鸦片一样会上瘾，因为钱来得太容易。在APP应用商店里输入"消费贷"，能找到600多个APP，10分钟就能出贷的APP比比皆是！这些追求"高"消费的"消费者"分分钟就被这些APP给搞上瘾。

全民狂欢"双十一"，阿里的花呗使用"大手笔"将个人额度提高了2 000元。这也可见淘宝不仅仅在乎消费者的钱包，还在乎大家未来的现金流。在这场金融游戏里有人赢就必须有人输。暴利吸取借款人的"高息"血液，利润来源于用户失控的欲望。消费贷的出现就是给用户的消费加个杠杆！虽说杠杆只是工具，工具本身没有问题，但是用户不能控制自己的欲望与没有稳定经济来源的情况下，它就会千倍百倍地放大人性的欲望。

社会是一个大森林，总有人要被收割。要知道使用消费贷的人，大部分都是工作一两年的小白领、四五线城市的居民、进城务工的蓝领。他们的认知让他们无法看穿资本陷阱和游戏。互联网金融让金融触角伸向传统金融无法抵达的角落，而没有更新认知的他们成了被消费者。他们只能在负债的过程中，被债务裹挟着前行，生活的幸福感逐日下降。

正常运转的商业社会，机能必须完整。我们不一定能公平地共享文明发展的硕果，但是应该有抵达不同终点的能力。从无处不在的消费陷阱到刺激消费欲望的"神器"，这群财商认知不高的伙伴们成了被资本碾压吸食的消费品。有的人借钱是为了急需，有的人借钱是为了欲望。消费型社会里，刚需和欲望往往界定不清。金融和人性的贪婪纠缠在一起时，就会有人间错乱的感觉。金融科技，支撑这些的还是陈旧的金融逻辑——直接或间接地获取利差的高额收益。

现金贷产品"来分期"，年化利率高达102%，最高的可达到500%左右，可谓是典型的高利贷。所谓的互联网现金贷，无非是化了妆的高利贷。针对蓝领、学生，消费贷产品采用"高利率覆盖高风险"的简单粗暴的业务模式。现金贷平台几乎可以给任何群体放贷款，不需要什么场景，也不需要考虑风控问题，门槛低、易复制。低门槛审核，不考虑用户还款（消费）能力的借贷产品就是不负责任。传统的借贷审核一方面是为了把控借贷的不良率，另一方面也可以防止用户在无合理的理由下，拿到与其资产与现金流不匹配的资金。这从某种程度上说，也是帮用户控制风险。

现今高速变革的消费时代，用户的心智和欲望被这种消费贷产品围殴与诱惑着，非常容易突破负债能力极限，走上多头借贷、借东还西的恶性循环。一旦链条破裂，借款人身背沉重债务，放贷平台则可能会面临小范围内"次贷危机"。两方都在走钢丝，没人敢停下来。而小额现金贷的利率，深藏不露，极具迷惑性，逾期的天价罚金、债务不封顶暴力催收，这些在用户入局的时候，被巧妙地掩盖了……让用户有一种被另外一只手拽下水的感觉。

看起来小额的消费贷，每单不到1 000元毫无伤害。贷款人往往存在或者被引导出强大的消费欲和侥幸心理。从一部几千块手机开始，越陷越深。例如，某大学生，接触十多种贷款，贷A家贷款还B家债务，再借C家的钱来填A家……把A到N加起来就变成一个庞大的数字。而大学生贷款买iPhone X手机，1万元债务滚成几十万元不鲜见。当事人贷款买了两部手机，面对催债拆东补西,不断地去找小额贷款公司贷款还债。高昂的滞纳金就是噩梦。逾期一个月未还必须缴纳的滞纳金:借 10 000 块滞纳金就是 10 000 × 1% × 30 = 3 000 元,如一年不还滞纳金就是 36 000 元。以债为生,拆东补西的多头借贷者们就如同生活在无间地狱般,前有连绵不止的催收轰炸,后有亲戚朋友的担忧惋惜,背负高昂的滞纳金,沉重前行。很多人都是借新还旧,当借的平台太多,债务就像雪球般越滚越大,就可能资不抵债,陷入债务危机。

消费贷 55% 的利润率是这个行业正处于快速增长阶段的标志,尤其现金贷,更是一种新兴的互联网金融业态,处于监管空白地带,其产品的特性也决定了这个行业进入门槛并不高,加上行业先行者的良好发展势头,投资人的吹捧,必然导致竞争者快速加入,激化竞争。

风险的累积总是在泡沫中完成。共债(一个人同时在多个平台上借款)是这个行业的通病,一旦崩盘就如"病来如山倒",傍上大腿(用户获取、资金托管、风险控制几乎全部依靠支付宝)的公司也不能幸免,因为不管你做得多好总有人拖后腿。在现金贷的商业模型里面,在最关键的变量是坏账成本。坏账一方面来自欺诈,另一方面来自信用风险,尤其是多头(重复)借贷风险。

在《关于开展"现金贷"业务活动清理整顿工作的通知》中已经说明,行业内大多数公司存在以下违规现象:一是利率奇高。根据媒体报道,"现金贷"平均利率为 158%,最高的"发薪贷"利率达 598%,其实质就是高利贷,严重影响市场经济稳定。二是风控为零坏账率极高,依靠暴利覆盖风险。平台大力招聘线下人员盲目扩张,放款随意。平台借款人只需要输入简单信息和提供部分授权即可借款,行业坏账率在 20% 以上。三是利滚利让借款人陷入负债危机。借款人一旦逾期,平台将收取高额罚金,还采取电话"轰炸"亲朋好友或暴力催收等手段,部分借款人在一个平台上的借款无法清偿时,被迫转向其他平台"借新还旧",使得借款人负债成倍增长。

金融是一个需要强监管的领域,只有强监管才能保证不出乱子。这一点,国家早已意识到,银监会主席郭树清曾表示:今后整个金融监管趋势会越来越严,监管部门会严格执行法规。没错,金融的核心是风控,而有些风控是某些公司做不好的,或者,不愿意去做。借贷,本质是透支未来的弹性,以时间换空间。当披着互联网外衣的民间借贷崩盘之际,个体的未来坍塌之日,是经济失去弹性之时。对于金融活动的轻视和错误处置,放大的不仅是人性贪婪,也会加速社会的不稳定性,毕竟今日的资本狂欢是用未来的流动性换来的。

>>> 惊天漏洞

金融的本质就是记账。在互联网出现之前，通过人工记账系统传输数据（钱），应该收取手续费，比如汇款，支付手续费和利息。但在互联网出现之后，通过软件系统传输数据的成本降至零，收取手续费的合法性已经消失。腾讯帮我们传输了十几年的免费数据（聊天记录）。所以，市场不可能为了适应旧规则，而放弃先进生产力。新生产力条件下，要求金融系统由人人关系记账系统转换为人机关系记账系统。

所以，以金融白痴的视角，银行系统就是：存款人借给贷款人价值 M2（广义货币供应量）的货，贷款人欠存款人价值 M2 的货币；人民币只是记录价值的尺子，而非实际存在；银行只是记录借存货数据。人机记账关系：记账软件欠交易人 W 万亿人民币服务，交易人账号会产生 W 万亿人民币；记账软件在未来 10 000 年以服务来偿还欠交易人的钱，交易人包括银行、中国制造和消费者。W 大于 M2，中国制造在人机记账系统的资产大于人人记账系统的负债，自然为经济筑底。

互联网金融创新的本质路径其实是记账系统欠交易人 W 万亿人民币"服务"，记账系统以服务偿还。赠品是新金融平台的股权，软件系统还完服务继续欠交易人钱，继续以服务偿还……

我们从互联网金融平台上借贷或交易的"钱"其实是一种"数据流"，这种数据没有经过由政府背书的专业金融部门——银行的认证，是否真的具备流通货币的功能不能确定。平台可以说它是经过人民银行认证的"货币"，但我们也可以理解为它是自己印制出来的"数据"，因为我们没有看到货币的编号、货币的防伪标志，因为根本没有看到货币的实物。况且，这种"货币"完全在互联网平台上运作，平台公司随便做什么手脚都是有可能的。用户收到的是数据，是平台公司发给我们的数据而已！

可以说，一开始互联网踏入金融这个领域时，每一步都逃避了监管。它有两面性，比如它带来了快捷支付，让人们享受到了金融的便利，带来了余额宝，让人们不再被银行存款利息薅羊毛；但是，它将过度贷款带来的风险前所未有地开放给了几乎所有的人群，金融系统的风险也在日益累积。美国次贷危机为什么会出现，是因为金融机构向大量本身没有购房能力的人发放了贷款，满足了他们的住房需求。只要房价在涨，一切都没有问题。互联网金融公司可以用"零成本"的方式将"货币"贷款给民众，其不断积累的风险和危机，没有人能够描述得清楚。但是，可以肯定的是，这给我们整个社会带来的"金融危机"压力，一定是远远超越美国次贷危机的"超级火山"。

>>> 科技巨头心照不宣

2016 年以来，很多读者朋友们发现钱比以前难赚了，事实是赚钱的逻辑变了。越来越多的外媒认为，在继世界工厂和楼市之后，中国经济财富分配出现新信号，现在中国人赚钱的方式已经彻底变了，进入了更高层次的科技资本经济和信用经济时代，这一次将由新技术启动。因为，新技术会产生超额利润，引发敏感的创新资本蜂聚，同时，新商品满足了人们的新需求，使得产业迅速扩张，带动了新产业就业和劳动收入的增加，反过来推动消费，从而实现中国财富的新分配。在阿里集团学术委员会主席曾鸣教授看来，在全球范围内已有 5 家互联网公司已经提前拿到了未来十年中国财富大分配的"船票"。

谷歌：持续用技术推动创新的王者。人们所熟知的 Android、AlphaGo 都出自其阵营。市值 6 000 亿美元。

亚马逊：从网上零售拓展到云服务，坚定不移淡化盈利，选择增长和创新。市值近 5 000 亿美元。

Facebook：在全世界连接 17 亿人，"国民"规模超出任何一个国家的体量。市值 4 000 亿美元。

腾讯：它的产品和平台，是中国消费级网络无可回避的基础设施。市值突破 3 000 亿美元。

阿里巴巴：消灭实体零售，消灭现金，重新定义了零售和支付。市值超过 3 000 亿美元。

2018 年，我们将看到区块链和数字货币行业呈指数级别的增长，越来越多的大企业将会蜂拥而至，影响更多的行业和领域，不仅限于金融和保险行业，也正在开始影响其他行业，比如互联网、制造业、人力资源行业、医疗健康行业、法律行业和零售业等。再比如，BWCHINESE 中文网报道，中国已经在传统制造业总规模上超过美国，大规模基建已基本完成，正将重心集中到了高新技术上，中国人爆发出了赶超西方科技的惊人速度，中国人的财富正在驶向下一个拐点，这些行业包括移动互联网技术、人工智能、机器人、大数据、无人科技等。

数据流动

　　数据需要关联起来，需要流动起来，产生交易行为，否则就是无效的。数据需要实时不停地与其他数据进行关联与分析。不管你从事什么行业，从趋势上看都和数据相关。现在的商业做得好的，基本上都是依托宝贵的客户信息，通过数据分析才能做得更好。我们所说的数据交易并不仅仅是固态的数据，而是通过多种途径把数据关联起来。第一层数据是固化的，比如文件、目录、桌面等；第二层则有了界面，通过连接上传到网络；目前已经进化到第三层，在未来将会有各种数据流、不同的标签上传到云端成为云数据。

　　未来的数据是流动的，比如微信数据流、Facebook 数据流、电影数据流、音乐数据流等。从界面到数据流，从台式机到数据云，从实物到数据的过程，我们关注的并不仅仅是实物个体，还有数据，这是我们谈到的"数据是趋于流动的"。中国正在发展成为世界上最具活力的数据市场之一。拥有约 5 亿用户的阿里巴巴创始人马云就表示，新技术提供了以几乎难以想象的规模收集和处理数据的手段，比如将人工智能应用于这些数据集，正在加深我们对世界的认知。

　　马云在一次经济会议上表示："大数据将让市场更加智能化，使得计划和预测市场力量变得可能，让我们能够最终实现计划经济。"一些中国经济学家看得更远，王彬彬和李晓燕在近期发表的一篇论文中认为，一种混合经济可以建立在"计划主导型市场经济体制"模式之上。更自由的数据流动可以抵消许多毁掉计划经济的弊病，比如权力过度集中、寻租腐败和非理性决策。由大量数据提供的多层次细节，还能让商家为消费者提供更加个性化的选择。两位作者认为，网络平台垄断企业就像中央计划机构。政府变成一个"超垄断"平台将更加"正当和理性"。这类平台可以像机场一样运作，指导市场导向的流动，管理机场的通航能力，设定航空标准，平衡安全、环境和货物运输的要求，满足运营商、乘客和零售商的需求。

　　毫无疑问，数据流动可以提高企业和政府管理系统的效率。它还可以带来更合理的资源配置——无论是在规划长期基础设施，还是管理医疗保健系统方面。每个平台、业务部门里有大量的实际运转数据产生，但这当中有很多是垃圾数据，没有标签，没有人去规划定义，AI 也无法学习，即使能学习但也有运行出错的危险。这里面数据清洗、标签化难度相当高，比较笨的方法就是用人力去清洗干净再让 AI 去学，这个过程是人机混合的过程。我们观察到很多从事 AI 研究的巨头们，更关注怎么落地，怎么把毕生的研究成果体现出来。但是，公司内部部门之间在微信、手机 QQ 上的沟通数据能不能用？公司内部人员也很希望近水楼台先得月，将身边流动的数据研究一把。所以现在我们实际上正处在怎样把公司内部数据分享出来的阶段。

实际上用户都非常关注个人因素，不希望个人的数据被卖了。这牵涉到数据开发权、个人信息安全以及个人隐私的问题，如果数据不进行脱敏，任何人是绝对不能用的。只有先进行脱敏处理，才没有人能够通过数据倒推到某个人，这样处理干净才可以谈下一步。数据要以什么模式，清理成什么标签才能给其他部门，包括外部合作伙伴使用？同时也有很多的数据是来自于合作伙伴或者业界的其他公司，他们也遇到这样的问题，拿到一堆裸数据不知道怎么用。所以，业界要形成一个标准的互惠互利模式，走完这段路程还需要很长时间。

数据重组

重组就是将不同价值的东西进行拆解，重新组合，成为新的有价值的组合。数据重组是把原有数据重新解开再混合起来。我们可以看到，在过去创造的大部分财富，有一部分得益于将有价值的东西、不同的想法混合重组。我们读过的新闻可以将数据信息拆分，然后进行新的重组，以获取我们所需要的更加有价值的信息组合。比如许多新闻门户网站，就是将信息拆分后重组产生新的内容，就是应用了我们现在所谈的信息重组理念。

再比如拆解银行，银行提供不同的服务，如贷款、存钱。银行也可以被拆解，并与其他有价值的东西组合起来，成为一个新兴的个体。车能够给我们提供一些功能和服务，比如将车的一些部件拆出来和其他东西组合，产生新的产品。任何的事物都可以被拆解，然后进行重组，我们可以尽情地发挥创造力，思考如何拆解创造新的产品。在重组的过程中，我们不仅能看到最核心的价值部分，更能看到数据重组后源源不断地产生新的价值。

开放公共数据

中国政府网披露的信息显示，目前我国信息数据资源 80% 以上掌握在各级政府部门手里，"深藏闺中"而未能与社会共享，造成了极大的浪费。

身处大数据时代，人们生活所需的导航、气象、房屋、医疗、就业等信息，往往都来自政府的信息数据开放；产业发展所需的战略思考、布局规划、落地方案等，往往也要依托对政府信息数据的挖掘、重组、混搭。庞大的手机用户和应用市场，造就了中国大数据资源的极端丰富性。解决这些由大规模数据引发的问题，探索以大数据为基础的解决方案，是中国产业升级、效率提高的重要手段。

我们很可能认为阿里巴巴、腾讯、百度等互联网公司是大数据的先驱者和既得利益者，但事实上政府才是大规模信息的原始采集者，并且还在与企业竞争它们所控制的大量数据。政府与企业数据持有人之间最主要的区别就是，政府可以动用公权力强迫人们为它们提供信息，而不必加以说服或支付报酬。因此，政府实际上可以持续不间断地收集和积累大量的数据，这个趋势不会发生改变。

企业不愿公开数据，是经济利益使然。但政府部门不存在这个问题。大数据对于公共部门的适用性同商业公司一样：大部分大数据价值是潜在的，需要通过创新性的分析来释放。虽然政府在获取数据中处于明显的优势地位，但是它们在数据的使用上往往效率很低。所以，释放政府数据价值最好的办法是允许公司和社会大众访问。这其实基于一个"双向监督"的公平原则：国家收集的数据时是代表公共利益而开展工作的，因此应当提供一个让公众查看的入口和机会，但是少数可能危害到国家安全或者他人隐私权的情况除外。

这种观点让"开放政府数据"的倡议响彻全球。开放数据的倡导者主张，政府只是他们所收集的数据信息的托管人，公司和公众对数据的利用会比政府更具有效率和创新性。他们呼吁建立专门的官方机构来公布民用和商业数据；而且数据必须是以标准的可机读形式展现，以方便人们处理。否则，信息公开只会是徒有虚名。

　　笔者认为，要打破数据的"垄断"和"孤岛"，政府部门应该率先作出表率。

　　一些政府部门缺乏公开数据的动力，有的是因"懒政"而让数据沉睡，有的则是已经利用数据开发商业化应用，因此不愿共享。如果是因为"懒政"，那就必须把数据共享纳入政府部门考核；如果想获得经济利益，那显然是错误的想法。政府数据来自于公众，政府部门的职责在于做好服务，促进经济发展。政府不是市场主体，如果政府部门通过数据牟利，那就等于在干扰市场秩序，谋取小集体利益。往小处说，是违反了组织纪律；从大处说，是在阻碍经济的健康发展。因此，规范政府部门的行为，让政府部门成为信息共享先锋，是大数据发展的第一步。

　　中国大数据产业峰会于2016年5月25日在贵阳开幕，会议透露出的权威信息显示，中国超过80%的数据在政府手中。政府掌握了经济社会发展中的绝大部分数据，这部分数据被分割存储于各政府部门，形成一个个的"数据孤岛"，给政府部门间共享和民间利用设置障碍。

　　一方面是闲置的大量数据，一方面是旺盛的数据需求，政务数据的开放程度与大数据发展呈现出不匹配的情形。数据的需求与供给出现错位制约了大数据产业深度发展，更让打造服务型政府的努力事倍功半。明明可以让数据多"跑腿"的简单事儿，却让百姓不得不在多个部门来回跑，不仅降低了办事效率，也增加了百姓的负担，影响了政府的形象。

　　随着大数据产业的发展，收集、挖掘、编辑数据的技术水平迅速提升，商业化利用前景广阔。沉积的数据是一座宝库，蕴藏着大量待加工的原始数据，让这些数据充分流动起来，打破公用数据的层级界限，可极大提高政府的工作效率，让服务型政府的落地有更坚实的支撑。

　　让数据说话，让数据跑腿并不是一件难事。原铁道部因为春运期间的排队买票问题广受诟病，12306网站的建立则极大缓解了购票难的问题。

　　能否公开、如何公开数据是开发利用政务性数据的关键问题。有些政府部门在《政府信息公开条例》实行多年后仍不愿公开应公开的数据，常以涉密为由拒绝公开。在"公开为原则，不公开为例外"的指导下，许多当事人利用申请信息公开加行政诉讼的方式来申请求而不得的数据。将涉及国家秘密、商业秘密、个人隐私外的公用数据公开，可以让数据发挥最大的价值。有些地方政府已经看到了发展大数据的魅力。贵州近年来就利用气候凉爽、电力充足的优势抢占大数据产业先机，取得了很好的成果。

　　随着掌握数据话语权的政府部门越来越重视数据的流动，数据在服务型政府建设中的地位也越来越突出。加之行政诉讼立案登记制度不断完善，封锁数据的路径逐渐变窄，让数据充分涌流已是大势所趋。

在技术的推动下，大数据已不仅仅是一种应用工具，而是撬动经济增长的"生产力"，催生了体量巨大的新兴产业。业内专家指出，大数据已成为支撑社会有效运行的战略资源。目前我国亟需在数据融合、立法、安全方面完善顶层设计，为大数据产业的健康发展奠定基础。业内人士建议，我国应加强顶层设计，完善立法，规范数据交易行为，鼓励数据互联互通，将数据公开共享纳入政府部门考核，同时加大力度攻坚克难，在芯片、云计算等大数据的关键领域取得突破，建成健康、安全的大数据产业环境。

浙江大华技术股份有限公司中国区营销部副总经理戴勇认为：随着平安城市、智能交通等行业的快速发展，大集成、大联网、云技术推动安防行业进入大数据时代。海量数据的分析技术日益成熟，安防大数据的应用已经在城市运营和管理中发挥着举足轻重的作用。同时，海量数据的存储和应用也带来了一系列的信息安全问题；除了传统的网络安全外，安防厂商在数据源头、传输网络、数据存储、应用系统等多方面进行了有效的安全措施。当下安防大数据面临的安全隐患，以及未来安防大数据的信息安全关注点，需要在政策、人员、技术等多方面共同发展，以保障数据安全。

完善数据资产市场体系

在大数据时代下，价值导向的数据应用是企业级数据资产变现架构的核心。基于数据资产管理的四层架构，金融机构可以有效地开发、使用不同数据，拓展数据应用领域，通过充分释放数据的价值帮助企业提升市场竞争力。

以价值为导向，指的是企业需要识别其在各个管理及业务领域的需求，包括战略规划、经营效率、风险管理、合规内审等方方面面，并确立数据类别和数据需求，以及相应的模型分析、基础架构的需求。

数据资产化的影响和意义促进信息科技部门的转型和信息产业的重组。数据资产化之后，信息科技部门将从原来的成本中心（或称服务职能部门）变成利润中心，直接产生盈利和现金流。未来数据资产会渐渐成为企业的战略资产，渗透各个行业。企业拥有数据资源的存量、价值，以及对其分析、挖掘的能力，会极大提升企业的核心竞争力。数据资产化将深刻影响产业结构。同时，数据所有权和其产生的利益分配问题将会越来越深化，以数据资产为核心的商业模式将会在资本市场中越来越受到青睐。

出于对数据价值的认可，在以数据资产为核心的商业模式中，数据或信息的租售将拥有广阔的市场空间。虽然目前在缺乏交易规则和定价标准的情况下，数据交易双方承担了较高的交易成本，制约了数据资产的流动，但随着数据交易市场的建设和规则的完善，其必然能加速数据资产交易的进程。

》》 培养大数据人才

数据资产化对于高级数据分析技能的要求日益增长。随着数据资产化的进程，除数据管理和信息系统维护的 IT 专业人才外，金融机构同样需要精通大数据应用的业务骨干。例如，数据资产化需要在原有的系统和科目中加入新会计元素，需对原有的会计体系进行重构。金融机构可以尝试在独立核算的信息部门中加入数据资产，设计数据资产会计分类和科目，利用模拟考核逐步提高数据资产在行内资产的价值地位。综上所述，数据资产化进程注定会给金融行业带来重生、颠覆和创新，金融机构应重点关注、顺势而为，适时建立起符合自身业务和数据特点的数据资产化体系和能力。

》》 健全数据产权制度

当前，为最大限度地在保护个人数据的基础上促进数据的合法使用，中国应充分借鉴国际趋势和考虑现实国情，着力构建个人数据保护体系，从确权立法、有效监管、国际合作、完善数据运转保护制度等方面进行系统性的安排。

》》 确立个人数据权

个人数据权作为一项具人格和财产意义的民事权利，应当被确认为一项新生的独立权利。通过确权在现行民法体系内明确规定个人数据的内涵，个人数据权益保护的基本原则，数据主体收集、利用和处理个人数据的基本规范等内容，并在如《征信业管理条例》等行业法规中，将个人数据权作为个人数据保护的基础，更加清晰地界定个人信用信息的知情权、同意权、投诉和异议权等基本权利，进一步对个人数据信息的权能、保护和救济方法等进行规定。

>>> 抓紧制定法律

全球 90 多个国家和地区制定了个人数据保护的法律，个人数据保护的专项立法已经成为国际惯例。中国应借鉴他国做法，尽快制定专门的《个人数据保护法》，鉴于个人数据涉及各个行业，因此立法不仅要明晰个人数据的边界和责任，更需要精细化、具体化，要分类和分层对个人数据进行保护。与此同时，立法中要树立提高信用数据质量与信息保护同等重要的基本理念，要从数据完整性、及时性和准确性等方面保证征信数据准确有效，最大程度地从源头堵住错误数据入库，提升信用数据的真实性、可靠性。

>>> 数据监管机构

国家层面应尽快设立个人数据保护委员会，专门负责个人数据保护领域工作，承担推动监督个人数据保护法律完善和实施、督促相关国家机关遵守个人数据保护法与落实执法监管责任、开展个人数据保护行政执法、宣传教育和国际交流合作等，个人数据保护委员会向国务院负责同时由政府的相关部门按照法律法规的规定在自己的职责范围内负责个人数据保护和监督管理工作。

如人民银行监管金融类数据、工信部监管电信类数据，卫生部监管医疗类数据等，一方面要利用专门执行机构的主导作用，在全社会层面大力倡导数据的开放和利用，激发全社会的创新能力，提高政府治理效能；另一方面也要充分发挥相关部门职能进行"一站式"的服务与协调，更有效率地加强对个人数据权的保护。如人民银行征信管理部门要加强征信个人数据监管，按照《征信业管理条例》《征信机构管理办法》的要求，更加细化相关内容，既要符合当前实际，又要符合未来制度变革的需要，最终实现相应法律规章能有效地落地执行。

>>> 数据流转保护制度

在获得数据流转方面，要制定合理明晰的数据获得规则，分类和分层开放数据，避免数据行业垄断和分割，例如建立有效的信息采集机制，推动征信企业可持续地采集到政府部门掌握的信用数据等。还要建立统一流转平台，促进数据价值流通。以上海成立大数据交易所为契机，加快个人数据流转平台在保护主体人格利益的同时促进财产价值的流通。

在科技应用方面，一是利用科技保存数据。不仅依靠匿名保护、痕迹删除等新技术保护增量数据，同时也要应用加密技术加强存量数据的安全。在征信业中建立对信息系统技术防控的措施，确保征信系统的网络安全和系统安全，尤其要关注银行端系统管理，防止信息盗窃事件发生，避免信息泄露。二是利用科技合法使用数据。互联网和大数据为征信产品和服务创新提供了新的数据基础，在此背景下，要主动运用科学技术加强征信数据合法使用能力，如利用互联网科技为传统征信系统提供有益数据补充，利用互联网科技判断、评估信息主体信用状况等。

互联网行业自律方面，需政府适时介入，使行业自律具有强制性，其次是异常事件报告机制及时上报提起调查自纠。征信行业协会发挥行业自律管理职能，督促金融机构完善内部征信管理制度，保障征信业务依法合规。

在文化创建方面，通过广泛宣传，唤醒民众对个人数据保护的意识；通过走进课堂，学习自我数据保护的方法；通过法律帮助，进行征信数据保护的维权等。征信从业者也要强化服务创新，让征信服务领先于市场，形成全社会范围内数据保护的良好文化氛围。

七、从"消逝"到"永生"
如何步入未来的数据智能时代？

■互联网组成的新世界，以及正在到来的人工智能社会，已经向我们昭示了这个真理：未来的社会形态，将不再以实物为主要载体。我们的未来也许会彻底虚拟化，变成电脑里的符号，就连个人生命也会以数据的形式存在于虚拟化的世界，从而变成长生不老的"神仙"。未来人类完全可以二进制为基础，以编码的形式将一切粒子按照某种逻辑组合起来，从而组建一个新世界！"信数据，得永生"，"无数据，毋宁死"。

大西洲科技有限公司总裁彭顺丰用文字、照片、影像、声音、全景视频、人物三维建模、人体行为动作捕捉等媒介，通过VR虚拟现实技术在虚拟世界建立人类的数字化身，再将基于大数据的AI人工智能行为算法植入其中，形成"数据越多会越像自己"的"阿凡达映射"。这种数字化身将可以永远留存在数字世界，供后人沉浸式交互，实现人类在数字世界的"永生"，计划命名为"人类数字化身计划"。彭顺丰认为，数字化的比特世界是与物理原子世界并行的，甚至人类的本质就是"虚拟的、量子纠缠态"的，人类文明的产物和载体：神话、语言、艺术、习俗、心理、制度……都是虚拟的，数字化生存在某种意义上更接近永生本身。

数据为王！

读懂时代是每个人的必修课，这个时代最大的特征就是数据为王，谁拥有数据，谁就拥有一切。

我们正处于不断颠覆旧有思维的时代，无论是企业家还是投资人，无论是政治家还是普通人，理解未来的趋势至关重要。

只有理解未来，才会在当下做事时不偏离大方向。两本风靡全球的惊世之作——《人类简史》《未来简史》（作者为尤瓦尔·赫拉利），可以帮助我们理解未来。

2050 年，你和你的手机将合为一体。它被植入你的身体，通过生物识别技术 24 小时监测你的一切生理状态心跳、脉搏、血压、脑电图等状态。

2050 年，算法将更加精准。人类无力处理大量海量数据，只能将运算工作交给人工智能，现在已有很多企业研发机器学习功能。

2050 年，全球贫富差距将进一步拉大。人工智能的兴起将加剧这一局面，AI 将使大部分人失业。转换新动能成了现今的课题。

2050 年，算法将更加独立于人类。算法的深度学习能力更加成熟，连发明它的科学家也不一定能读懂它的思维。

……

第一次工业革命把世界从农业带到工业。第二次工业革命，人类进入了"电气时代"。第三次工业革命是 1969 年，电子、信息科技、自动化生产，计算的好处来到全世界。每一次工业革命的间隔为八九十年，计算的大量应用使得工业革命大大提速。40 余年后的今天，我们认为是工业革命 4.0，因为有云计算、大数据、物联网、人工智能四大趋势的力量，公有云服务 + 社群的力量 + 大数据 + 互联网 + 区块链这些趋势会完全推翻以往概念。

前三次工业革命，社会发生了巨大的变化，人民生活水平大幅度提升，企业同时也面临着前所未有的机遇和挑战。每一次工业革命都会诞生出完全看不懂的创新型的企业，也会毁掉很多非常成功的企业。第一次产业革命带来了蒸汽动力和工厂；第二次产业革命中产生了铁路和电力；第三次产业革命给了我们互联网、数字计算机以及现代社会所拥有的便利。每一次革命的开始和结束都伴随着更好、更高效的机械的诞生。

为什么说云计算、大数据、物联网、人工智能重要？因为它们不仅颠覆了行业模型，也颠覆了产业模型。例如，几年前要问汽车行业竞争对手是谁，答案一定是奔驰、宝马。而现在可能是谷歌、滴滴等。几年前如果要问金融业竞争对手是谁，答案一定是几家国有银行，而现在我们看到更多的银行联合起来，对抗的是支付宝、微信、Apple Pay 等新型金融模式。

除了行业，我们的生活也发生了变化：淘宝的推荐更精准，共享单车，早先畅想的无人超市、无人售卖也开始慢慢进入我们的生活。

第四次技术革命必然是建立在量子力学与脑神经科学基础上，即量子与意识结合而产生的量子神经网络，全息技术，人工智能（AI），虚拟现实，量子传输等领域成为现实。目前科学前沿的关键是人的意识运作机制与原理，存在两千多年的所谓物质与意识关系问题即"道生一、一生二、二生三、三生万象"思想精华将会得到科学的解析。一旦这一问题解决，物理学层面构成宇宙一切存在的三种基态即信息、能量与物质的关系问题亦迎刃而解，进而心灵至动，能量变成物质也不再是天方夜谭。

时空之门如果打开，让你给十年前的自己发一个消息，你会发什么？笔者会发"不惜一切代价买房"，因为买房这件事是历史上出现的唯一一次不用动脑子都可以让资产翻十倍的投资，这种好事还有吗？几乎没有了。

一个企业能做多大，千倍的回报来自于赛道，中国有百度、阿里巴巴、腾讯，美国有亚马逊、Facebook 和谷歌，这个是赛道的规模而不是企业的规模。所以说关键是借了多大的势。这些公司创始人在创业时，有着高于我们两三倍的能力，现在拥有高于我们上万倍的成就，这就在于他们在赛道借了势。

21 世纪的科技将是生物科技和人工智能科技主导下的大数据科技。21 世纪的主要产品将会是人的身体、大脑和心智的数据化工程的产物。在 21 世纪搭上大数据科技时代列车，就能获得创造和永生的神力，留在原地就会面临灭亡。

想面对未来，你唯有跟数据走在一起。就像当年柯达破产时，德国所有的传媒都惊呼：在科技面前，没有人高高在上，因为时代会淘汰落伍者。

未来和现在的时间轴已没有时间差。我们要如何面对未来？就是要学习一些关于未来的概念，做好关于未来的准备。

在 IT 行业工作二十年，由于工作关系对云计算、大数据、物联网、人工智能有了深刻的理解，笔者认为数据一直都存在，只是数量级有了翻天覆地的变化，数据量级的变化使得应用层随之变化，应用层的变化使得 IT 产业变成了信息化产业，再到云（计算）、大（数据）、物（联网）、智（慧城市）产业。

"云"可以提供海量的数据和强大的计算能力，也是我们目前进行人工智能研究的一个必不可少的最强载体。大家看到围棋 AI——绝艺，其后台部分全靠云的支持，如果没有庞大的云计算能力，是不可能实现这种人工智能计算的。

"云化"说了很多年，现在越来越清晰。很多企业原来很保守，希望把数据放到自己的内网不公开。但是笔者认为这个狭隘的思想已经过时。这和过去发明了电一样，要想每一家不用公共电网，而是在自己家里搞一个发电厂，这绝对不可能。

过去把用电量作为衡量一个工业社会发展的指标，未来用云量必将成为衡量数字经济发展的重要指标。我们用电能来对比"云"，电带来了上一轮的产业革命，而新一代数据能源将会带来新一轮的产业革命。

数据使用共享

"使用"趋势过去就已经存在，但未来会变得越来越重要。拥有物品的性质将转变为：你不是拥有而是使用这个物品。比如 Uber（优步），让你觉得不用车也可以使用车的服务；Facebook 网站没有实体；阿里巴巴没有实体、没有库存。这些公司自己售卖产品，它们原来并不拥有自己售卖的产品。产品从客户来，消费者扮演生产者，这造成的一个结果就是使用权比所有权更加重要，比如，我可以从亚马逊买 Kindle 无限量礼包，随时可以下载我想要读的书。

根据需求来创造经济，这就是未来的趋势。我们可以通过互联网来实现，像优步这样的服务会渗透到各行各业。试想一个行业原本是需要拥有它，才能享受它，变成现在不需要拥有就可以享受它，每个人都可以通过取得服务的方式来取代拥有这个实物。

除了优步之外，你可以用 App 租一辆车，通过输入一个密码，就把车开走。你可以在网上说："我愿意花 12 美元去城市另外一头，谁愿意搭我？"有人就会接单，可以通过不同的新方式满足你交通上的需求。在医疗方面的服务，你不用去买设备，不用去医院检查，可以租用这些设备，达成检查的需求。当然我们在这个领域当中还处于最开始的状态，未来还有很多新的东西、新的类型会冒出来。

分享在过去20年已经有所发展了，但笔者仍然认为在这个领域，我们还有很大的进步空间。分享的趋势是硬件软件化。通过人工智能的加入，它可以与你交流，知道你的日程表，知道你什么时候会到家，然后它会提前开启空调。当你到家的时候，气温就非常适宜。在做不同事情时，它也能帮我们做预测，进而给我们提供帮助。最开始，是从一个非常个性化的"我"，变成了"我们"，"我们"开始分享，从"我想要什么"到"我们想要什么"。人工智能不是实物，它是通过软件来帮助我们的。

任何可以被分享的东西一定会被分享。试想一下，有什么东西是还没有被分享的？你可以通过分享让它变得更有价值。我们有很多东西暂时可能不会分享，但以后我们可能会分享它们。

那么未来在金融领域，如何进行分享？在中国有很多平台，你可以分享融资，可以让顾客帮你，为你下一个产品融资（产品众筹）。你不需要去银行，只要去这些平台就可以了，如果顾客对于你将要制造的东西非常感兴趣，他们会对你进行投资。分享经济将会不断地产生新的东西。

现在全球众筹市场的交易资金达到180亿美元。在众筹领域，还有股权众筹，通过股权众筹来给公司融资，美国现在就有这样的股权众筹例子。过去你要进行公众的众筹，可能要走很多程序，但是现在只要使用这种服务，不管是多大的公司，你都可以得到资助。

在房地产方面，你可以使用这样的方法。如果大家都同意这种分散式的做法，那么你就可以得到更快速、更方便的服务，这也是分享趋势发展的方向。所谓的分享是任务的分享，我们之前没办法完成的事情，现在通过分享来做成。

未来的竞争本质

信息技术带给现实世界的最大变化之一就是万物皆可数据化，这使人们更加坚信"世界的本质是数据""数据将会改变世界"，大数据标志着信息社会终于名副其实。大数据时代的到来会深刻改变整个世界，也会改变人类的思维方式，同样也会改变战争。

美国公司利用先进技术，借中国的快速增长赚钱。

对于美国的数据分析公司 Orbit Insight，研究中国的卫星图像，成为该公司新的生财之道。该公司 CEO 詹姆斯·克劳福特表示，Orbit Insight 公司主要使用卫星图像分析世界各地的石油存量。通过分析石油存量数据，企业和投资者可以对全球的石油存量产生更清醒的认识。克劳福特表示，通过对该公司的软件（或者说神经网络）进行"训练"，它已经能够在卫星图像中自动识别各种油桶。利用该软件对中国的卫星图像进行分析后，该公司发现中国还储存了 2 亿桶之前未发现的石油。[①]

人工智能是科技产业最热门的领域之一。像谷歌和 Facebook 等公司设计的人工智能软件已经具备了语言翻译和理解文字等能力。中国政府表示，中国将努力成为人工智能领域的全球领军者。美国无线科技公司 Meeami 的首席运营官道格·牧岛（Doug Makishima）指出，为了实现这一目标，中国政府已经向搜索引擎巨头百度以及若干研究机构投资了数十亿美元。这些中资机构下一步要做的，就是收购那些拥有大量数据的公司，从而对人工智能软件进行"训练"，使其在各种任务中（比如面部识别）变得更加高效。

2012 年，华大基因斥资 1.18 亿美元收购了硅谷的 DNA 测序公司 Complete Genomics。华大基因感兴趣的并不一定是这家美国公司的技术和人才，而是这家公司拥有的海量 DNA 数据，这些数据可以用来提高华大基因的人工智能软件的水平。在不远的未来，中国公司还将做出更多类似的数据收购交易。

---

① 谁对美国科技界影响最大？答：中国. http://www. myzaker. com/article/59d106a21bc8e0de49000005/.

数据宗教

大数据带来了权威的转移——正从人的情感转移到电脑算法上。大数据甚至会建议你跟谁约会，跟谁结婚。

在未来，我们会进入一个数据主义的时代。以寻找结婚对象为例，如果要从好几个潜在的结婚对象里面选择一个人结婚，不妨去询问谷歌。

谷歌会说：

"你所有的 E-mail 我都读过。我有一些生物监测设备每天都在追踪你。你去跟不同的人约会的时候，我都知道他们对你的心跳起到了什么影响。

根据对你的这些了解，我建议你跟 A 结婚，不要跟 B 结婚。我太了解你了，我甚至知道你不喜欢我给你的建议。你想让我说跟 B 结婚，因为 B 更好看。

我没有忽略外表，B 的美貌我也考虑了，但是我仍然建议你跟 A 结婚。我知道你更喜欢长得漂亮的人，因为你本身的生物化学体系就是这样。

大概在七万年前，人类还是原始人的时候，美貌就是一个潜在的优势。但是今天根据我对数以千万计的恋爱关系的了解，外貌美貌远不如生物化学系统告诉你的那么重要，所以我必须告诉你不要去跟 B 结婚，跟 A 结婚。"

以上设想只剩一个实证的问题：谷歌、亚马逊、Facebook 会不会为我们做出更好的决策，取决于它们对数据的处理能力会发展到何种高度。但是一旦它们帮我们做出了更好的决策，我们就会进一步依赖它们，这样它们又有了更多数据，可以帮助我们做出更好的决策。

当然这也提出了一个巨大的问题，是不是生活就可以精简成数据呢？

这种数据宗教也许不是真的，但是历史告诉我们，一个宗教或者说意识形态，它不需要正确，也能征服世界。这样一个数据宗教，虽然它不一定完全正确地描述了现实，但它仍有可能在接下来的一个时代征服世界。

……

2012 年，一篇题为"H＋"的网络系列文章，向我们介绍了这样一个未来世界：很多人的体内都有高科技植入物，可以直接通过脑机接口上网。

2017 年 2 月初，富有创新精神的亿万富豪伊隆·马斯克（Elon Musk）再次谈到了他在过去一年里曾多次提出的一个想法：人类需要和机器融合。马斯克认为，脑机接口绝对有必要，这不仅是为了让人类作为一个物种继续进化下去，而且可以让我们跟上机器的发展步伐。马斯克说，如果我们不主动与机器融合，就会变得一无是处，可有可无。

以色列历史学家尤瓦尔·赫拉利也表达了同样的观点。他认为，未来的人类社会，99% 的人将因为人工智能和机器人的普及而彻底失去就业机会，沦为所谓的"无用阶级"。

简而言之，超人类主义是一场广泛的思想运动，主张利用技术来改造人类。该领域的思想家认为，我们可以而且应该利用任何可用的新兴技术，来强化我们的大脑、身体和心理能力。

从改造基因以提高智力和延长寿命，到依靠生物工程和机械植入物增强身体能力，超人类主义者眼中的人类未来，就是在技术的帮助下超越人体局限。

"超人类"一词可追溯至数百年前，但就我们目前使用的含义而言，它出自 20 世纪生物学家和优生学家朱利安·赫胥黎（Julian Huxley）之手。在 20 世纪 50 年代的一系列讲座和文章中，赫胥黎提出了一种乌托邦式的未来主义：人类会进化，超越现在的人体局限。

人工智能的食物

数据驱动，因制而能。大数据是人工智能的基础，人工智能是大数据的高级形态，大数据、人工智能、云计算三大引擎将推动并激发新的经济活力。

大数据是食物，是机器人的食物，是 Android 和 iOS 的食物。这是蛮恐怖的一件事情。我们人类是农民，是这整个数字世界里的农民，在帮机器人生产食物。在数字世界里，我们每天都在产生各种数据信息，这些数据其实都是数字世界领域的食物。

所以以后我们谈饥荒，不再是说非洲有饥荒之类的，而可能是在说有一家公司因为没有拿到数据而快要倒闭。

从机器学习的角度，数据是人工智能的学习材料。材料越多，人工智能也就越"聪明"。在全球范围，谷歌、Facebook、微软、亚马逊、BAT 等积累了大量的数据，企业成为人工智能的主导者。

在即将到来的智能时代，大数据和云计算一起，成为人工智能的基础设施。人工智能绝对不是仅仅靠一堆算法和一堆服务器就能搞起来的，没有数据，人工智能就没有输入，自然也就不会有输出。

可以说，缺少了数据的人工智能只能是一个躯壳，不可能有灵魂，所有的算法，都只能停留在算法阶段，无法变为现实。况且，机器学习和深度学习都需要大量的数据样本。

在赫拉利描述的未来里，我们还有什么用？应该用什么样的状态生存？如果你从来没考虑过这些问题，未来你很可能会沦为喂养大数据的"人肉饲料"。

未来，人工智能的时代即将来临，这个趋势也可以说是认知的趋势。这个词听起来很炫，但实际上的意思就是我们应该如何变得更聪明。外界对人工智能可能有一些固有的思维，认为它们会变得和人类一样聪明。

笔者的想法是：它们不是和人类一样的智能，但它们能够帮助人类。像 iPhone 里面的 Siri，就是人工智能的一种。在安卓、微软也有类似的系统，你提问它，就能得到答案。现在医院每天都使用人工智能，医院拍片使用的也是人工智能，它们不会累，能一直工作，并能准确地诊断疾病。

在法律方面，人工智能实际上可以整合各方面的信息，然后制作一份份文件，专业性不输于律师；在飞行过程中，人类通过人工智能进行飞机的操作，飞行员只需驾驶飞机七到八分钟，剩下的操作都交给人工智能；现在购买新车，车里面会安装个芯片帮助你刹车，它的刹车技术比任何人类都要强；未来人工智能甚至可以帮助人类诊断疾病，它的医学诊断技术和人类医生一样强。

现在所发生的科技变化，能帮助人工智能更快速地学习、进步。在这当中，以下技术元素的发展加快了人工智能数量和质量的提升。

神经元网络（通过模拟大脑神经元网络处理、记忆信息的方式，完成人脑那样的信息处理功能）：它在 20 世纪 50 年代被发明出来，过去我们可能只是在几千个神经元当中实验，并不能得到理想的效果，但当我们把它扩大到几百万，甚至数亿量级的神经元时，就会有更大量的数据、更深层次的算法、更好的效果。

GPU 芯片（图形处理器芯片）：GPU 芯片通常是游戏芯片，也可以用在 AI（人工智能）领域，它有很大的价值。可以通过这样一个小小的芯片，让人工智能同时处理很多事情，而且这些芯片现在变得越来越便宜。过去，它的发展可能很慢，但随着科学不断进步，它的发展速度越来越快，蕴含巨大的商业价值。

每种智能都需要训练，有大量数据才能进行预测或者是进行处理，大规模数据可以帮助人工智能变得更聪明。

谷歌的 AlphaGo 打败围棋世界冠军，这是我们没有想到的。芯片不仅能让我们玩游戏，还能让我们实现人工智能的效应，做一些我们做不到或者不愿意做的事情。谷歌通过大数据训练人工智能，并不只是训练人工智能玩游戏，而是通过大数据深度学习教它怎么玩游戏，教它如何自己玩游戏，培养它能够像人类一样玩好游戏、学会思考。

已经有很多生活中的东西比我们更机智，比如计算机、手机导航系统。像谷歌、百度等搜索引擎，它们甚至猜测你想要问什么问题，即使你还没输入完你的问题，你只要问它两个字母，它就可以猜出你的问题是什么，是它可以预测和参与到你的体验当中的。这就是 AI，它的作用非常大，这些都是在后台运作的事情，对你来说是无形的。

今天我们看到很多事物电力化，而未来我们会把许多事物都智能化。

未来我们所创造的人工智能将与人类不同。所谓的人工智能是像谷歌自动驾驶汽车，用 AI 来驾驶汽车。这种人工智能与人类完全不同，它们不像人类一样会分心，比如它们在开车时专心驾驶，不会联想到金融相关的问题。这也是我们要求人工智能做的事。

人工智能的工作形式可以有很多种，我们可以和人工智能合作或者创造出各种不同的思维形式。以前我们只有一种思维方式——人类的思维方式，但现在想要人工智能和人类有完全不同的思维形式，这也是 AI 帮助我们的方式。不是说它们比我们更强大，而是它们和我们的思维角度完全不一样。

未来人工智能可以做成服务进行售卖，它可以通过网络把智慧传到你家里。150 年前的美国，许多人通过把原有的事物电力化创造了财富。比如，水泵加上电力，把它变成电子水泵或者是电动水泵，或者把洗衣桶变成了自动洗衣桶、电动洗衣桶，也就是洗衣机。他们把原有的产品加上电力，创造了电力化这项服务。

未来的人工智能可以当作一个商品来售卖，就像过去的电力服务一样，未来会有数以万计的创业公司从事把人工智能运用在某一个领域的工作。接下来可能会有上万家企业都是用这种方式创业，这里有很大的潜力，你可以把某些东西加上人工智能，把任何行业加上人工智能等。

我们把照相机人工智能化，就好像有很多人在照相机里面为我们工作一样，好像每天 24 小时都有数百个大脑一起工作。这种巨大的潜力并不意味着一定要自己创造 AI，而是可以像购买电力一样购买智能系统，这与大家以往所想的不一样，AI 会成为一种商品，大家都可以购买它。但我们得在这个基础上做一些改变，需要创造新的功能，在新的生态系统上，用不同的方式来使用这个商品，这也可以带来更多的创造性。

人工智能越多人使用就越聪明，越聪明就更多人使用，这是一个大的循环系统。公司进入到这个良性循环后，规模会变得越来越大，未来人工智能领域将出现两到三家巨型的寡头公司，大家都能从那儿得到服务。同样会有很多类型的人工智能，我们也可以用人工智能帮助我们创造更好的人工智能，那么人工智能就可以发展得越来越快。

人工智能将给人类创造新的工作机会。我们对于机器人的设想是它看起来像人类，这一点比较难实现。现在我们所看到的机器人手臂，虽然不像人类，但能够帮助我们装东西，这就很有用。我们把人工智能加入到这样的机器手里面，它就会找出问题，然后解决问题。它们可以进行试错练习，犯错误之后会记住，下次不会再犯。

人工智能有"眼睛"可以观察，我们给它示范是怎么做的，通过观察我们的做法和过程，它就能进行模仿。这是因为人工智能设备有特殊程序，可以和人类一起工作，不会伤害人类，不像汽车工厂的机器人，它们装置汽车时身边不可以有任何事物，否则会出现事故。人类是可以跟人工智能机器人一起工作的，未来我们将会和人工智能一起工作。旧的工作会遭到更新换代，但机器人也会给人类创造新的工作。

美国两百年前 70% 的劳动力在农场劳作，后来自动化实现后，机器代替农民，被替代的农民转向其他工作。那么农民去哪里找新的工作? 他们可以成为健身房的教练，也可以做设计师，他们主要是用机械来代替他们工作，他们可以从事别的行业。人工智能取代了我们的工作，但也可以为我们创造新的工作机会。对于任何需要生产力的工作，都会进行人工智能化。人工智能发挥的作用非常大，因为机器人的工作效率非常高，它们被设计出来就是用于做高效率的重复工作。

人类适合做效率要求并不太高、需要有经验、需要创造力的工作。比如科学家做实验，这并不是对效率要求特别高的工作，因为他们的成果并不是特别多。艺术方面的工作也并不是效率要求特别高的，大家不是特别在乎画家画这幅画花了多少时间，这些都和效率无关，但效率要求高的工作就适合机器人来做。

我们去到现场听演出，好的演出价格越来越高，越来越有价值，这和效率无关。对效率要求不高的工作，我们会花费越来越多的钱，比如保姆工作，带小孩的工作，这些都需要经验，是非常适合人类的。未来，你的工资高低将取决于你能否和机器人默契配合。配合得越好，你的工资就会越高。

总而言之，人工智能可以购买、可以使用，可以做任何事情，可以让我们有不同的想法。

人工智能是对人的意识、思维的信息过程的模拟。人工智能不是人的智能，但能像人那样思考、也可能超过人的智能。

人工智能就好比是一个有超能力的人，它吸收了人类大量的知识（数据），不断深度学习，进化成为一方高人。人工智能离不开大数据，更是基于云计算平台完成深度学习进化。

利用局部网络或互联网等通信技术把传感器、控制器、机器、人和物等通过新的方式连在一起，形成人与物、物与物相连，实现信息化、远程管理控制和智能化的网络。物联网是互联网的延伸，它包括互联网及互联网上所有的资源，兼容互联网所有的应用，但物联网中所有的元素（所有的设备、资源及通信等）都是个性化和私有化的。

数字世界的牛顿定律

当这些东西全部讲明白以后，你会发觉我们人类在机器看来，或者说在那个数字世界看来，我们就是完全被它们吸住的，它们吸引了我们所有的注意力。在数字世界里可能会有新的牛顿定律、新的价值模式、新的音乐、新的艺术等新的一切事物。

吸引注意力的商业模式，是把我们不好的习惯、偏见变成现金，如果你没有偏见，是不会选择某一样事物的。正是因为有分别，才有了商业，否则商业就会被垄断，这就是整个数字世界的逻辑。

一个意识形态的运营商就是一个国家，一个 Uber 就是一个汽车运营商，一个摩拜就是一个自行车运营商，这种运营商的模式都会带来 ARPU（A average revenue per user，每用户平均收入）值的理解。ARPU 是很重要的一种价值考察标准。基于对 ARPU 的理解，可以引申出这一样一条公式：总价值等于 ATS 三样东西的网络效应。A 是账户，账户要越多越好；T 是待机时间，要越长越好；S 是空间，要越来越多，这是很重要的一个逻辑。也可以把这三样东西用幂指数的方式搅在一起，最后变成你的比较好的 APRU 计算方法。有了这样的方法，数字就有意思了。

库布里克曾说过一句话："理性只能把你带到一定的边界，但是如果你想越过边界，可能你需要的是诗意，还有想象力。"

万物互联世界

"信息随心至，万物触手及"。读过刘慈欣科幻巨著《三体》的都知道，小说是由一款名为《三体》的 VR 游戏引出的，对于虚拟现实有大篇幅的非常具体的描写。科学家汪淼穿上虚拟现实装备进入三体游戏世界，以第一视角在茫茫干涸之地跋涉，与周文王及其追随者一起向着商朝首都朝歌行进。

"我觉得 VR 会引发一场关于人类生存状态的'革命'。它将促成人类历史上的第二次大迁徙。"刘慈欣说，"从如今的现实，迁徙到未来的虚幻世界中"。

"最近我看了谷歌 AlphaGo 和人类的人机大战，我觉得科技进步太生猛了，也太可怕了。"刘慈欣做了个推断，"未来肯定是 VR 的世界，我们人类现在就必须提前适应"。

从 2G 到 4G，本质上还是人联系人。但 5G 除了人连人，更要实现人连物、物连物。未来的人类社会，无论生活、工作，还是商业、工业场景中，虚拟世界和现实世界之间的界限将越来越模糊。

从 5G 时代的清晨醒来，围绕在你身边的，将是机器人保姆，帮你做营养早餐、报告今日行程、准备适合你品味和出席场合的衣服。

出门上班的一刻，机器人已通知了智能无人汽车恭候多时。汽车完全知道主人是谁，你喊出"去公司"时，它已联网规划好最便捷的路径，开始自动导航驾驶。拜 5G 通信技术所赐，它能在 1 毫秒内完成紧急制动判断，比人类驾驶安全太多。晚上回家，一唤即出的虚拟朋友，会陪你聊天打游戏等。

高通认为，有了 5G，我们可以在一个城市街区中支持超过 10 万个高速视频连接。这样所有人都可以拥有 VR 和 AR 体验。你戴着一个 VR 眼镜，就可以用 5G 把自己和一个智能的机器人连接起来。就好像在任何时间都可以瞬间转移到世界上任何一个角落，与一个真实的环境进行互动。

2020 年 5G 正式商用后，5G 手机、高清电视、VR 眼镜等新型终端设备，将迎来蓬勃发展。而伴随 5G 物联网的部署，智慧家居、智慧城市、智能交通、智能制造，都会一一实现。时代的浪潮会推动我们向前进。"天下大势，浩浩汤汤，顺之者昌，逆之者亡。"对于技术革命而言，虽然不会涉及生死存亡，但紧紧跟随时代浪潮，才会让我们前进的步伐更加坚定和顺畅。

数字化永生

古往今来，人类始终渴求永生，但无论是权倾天下的皇帝，还是汲汲营生的草民，无不在这个人类永恒的难题前遗憾而终。上天给予了人类思考的能力，但同时也带来了人类对"死亡"的恐惧、痛苦和伤感。相比日月星辰、天地万物，人类的寿命实在太过于短暂。

作为典型的智能生命，人类是不会放弃将永生作为生命发展的终极目标的。以色列作家尤瓦尔·赫拉利在《未来简史》一书中也说道，人类过往历史上所有战争和冲突的规模，很可能都将远远不及接下来的这场战斗：为了永恒的青春！事实上人类已经就永生的问题向死亡开战了，为什么这么说？细思一下我们身边的各种科学技术：神经学、脑学、心理学、病理学、细胞学、量子力学、人工智能、分子生物学、材料学等等，它们是不是在某种程度上都能为永生服务？也就是说，它们都是未来人类永生的基础，而我们现在正在发展它们。

过去我们开拓外部的世界，未来的一两百年内，我们发掘人类的内心世界，这在生命科学方面将有重大的突破。人类活到 120 岁、150 岁并不是什么神话，因为人类对自己将了如指掌，对自己本身的丝毫变化都明察秋毫，也能够应对身体本身带来的任何挑战。当然，所有的一切都依赖于人类自己的数据。理论上，人的一切都可以转化为数据，包括人类大脑都可以模拟量化记录并且被永久保存。

当然这些数据的采集和建模主要依靠量子计算机。量子计算机是指利用量子相干叠加原理，理论上具有超快的并行计算速度和强大模拟能力的计算机。量子计算可能成为科技界最大的变革之一，其利用量子力学机制来加速计算机运算速度，最终能利用它建立全新的分子模型。生命科学，归根究底就是有机分子的排列组合，想要模拟生命的各种可能性需要庞大的计算量。如果有了量子计算机，量子计算机可以模拟人体内的各种化学分子，生物体系的计算将可行。物理再融合无机化学后，开始向高分子、生化领域进发，让人们仅仅通过模拟手段就可以预测蛋白质和细胞的功能。这是从死亡的角度反推导得到的永生思路，通过研究死亡的原理来得到死亡的成因从而从根源上避免死亡。

现代科学认为生物体的死亡来自于基因，以人类为例，人类的 DNA 里存在多个控制细胞分裂分化甚至死亡的基因（这只是笼统的说法），一旦这些基因触发，人类就会一步步走向死亡。这些基因触发的机制不一样，当细胞受到损害（比如癌变），细胞分裂到一定次数、细胞受到某种刺激、端粒消失等等，这些基因就会触发，细胞就会一步步衰老、死亡。

量子计算的突破对这些顶尖科技的意义真是无法想象，计算能力质的飞跃必然会使这些顶尖科技有爆发式的发展，届时生命、物质、能量、空间、时间的本质有可能展现在我们的面前，各种现在想都不敢想的应用会随之出现。所以，量子计算简直就是人类的新革命，是迈向神级文明的金钥匙，非常令人期待。有人设想找到并修改死亡基因让人类永生，但从死亡基因的功能来看，死亡基因同时也杀死了癌细胞，所以如果我们直接修改死亡基因，就概率上而言，生理上我们每个人最终都会死于癌症。所以最好的方式是阻止"端粒"的消失，根据端粒学说，端粒的消失是导致死亡基因被激活的主要原因，所以知道找到阻止端粒消失的方法，死亡基因就不会让细胞衰老，人类也就不会死亡。目前最新的成果是，人类已经找到了活性"端粒酶"，它能够修复变短的端粒。[①]

人类 DNA 和各种细胞均是信息载体，类似电脑的存储介质，当超级智能与生物电子结合时，超级智能将创造出各种最优的 DNA 存储序列，电子数据信息与生物电子信息互相转换传递。DNA 得到优化的人类，记忆、智商、健康、体魄将呈指数上升，进而创造出更先进的智脑。在智能爆发时代，研究

---

① 蚂蚁科学，人类能否达到永生？https://www.toutiao.com/a6551353106368561672/?tt_from = weixin&utm_campaign = client_share&timestamp = 1529096020&app = news_article&utm_source = weixin&iid = 35644805336&utm_medium = toutiao_android&wxshare_count = 1.

出生物存储信息与电子信息互通，可以像修改数据一样修改生物基因数据。基因学是关于基因研究的学科，人类基因组计划是美国科学家于 1985 年率先提出的，旨在阐明人类基因组 30 亿个碱基对的序列，发现所有人类基因并搞清其在染色体上的位置，破译人类全部遗传信息，使人类第一次在分子水平上全面地认识自我。

计算机科学家、谷歌首席未来学家雷·库兹韦尔预言，十年之后，人类将长命百岁，乃至开始实现永生。为此，他每天吃一大堆维生素，以确保在那一年到来之前不会死掉。更加令人神奇的是，到那时，人类不仅能做到延缓衰老，更可以返老还童：到那时，八十岁的你，看上去只有五十岁的样子。

那么，如果以上科学研究到极致，人类基因循环优化，总有一天人会不怕疾病，无比强壮、聪慧，无限趋近于神仙。其实我们现在已经是古代人眼中的神了，千里眼、顺风耳、飞天、遁地全都有！有些人也许觉得这是一个天方夜谭，或者是痴人说梦，其实不然，这是基因科学迅速发展必将带来的前景。

如果量子计算机和人工智能技术实现突破，实现对人类大脑信息的数据化模拟，将人类意识实现复制，则可以实现意识永生。对人类而言，只要大脑不死，"人"就不会死，所以只要想办法保证大脑一直保持活性就行。一般而言，大脑死亡主要是衰老的身体拖不动大脑，所以只要让下面的身体一直健康就行，具体方法有更换器官，或者更换身体，再或者直接更换人造身体，这就是材料学的研究项目了。对于意识具体是怎么回事，现代科学并没有研究得太清楚，说它处于起步阶段都勉强，目前为止在研究意识问题的学科有神经学、脑学、心理学、量子力学。有一种构想：大脑和意识分别独立，大脑只是一个处理器，而意识则运作处理器，所以如果能将意识上传至比大脑更厉害的处理器，比如量子计算机来制造未来的超级电脑，把人类所有的人类意识和记忆复制下载到自己的克隆大脑里，人类也能够永生。

前两年，某些国家的某些公司就已经着手于投资永生项目，并把这个项目命名为"人类永生计划"，旨在破解永生的秘密，达到人类永生的目的。该项目的负责人说大约在 21 世纪中叶人类就能够永生。

换言之，在未来的 50 年内，人类有机会以数据人的形式实现在虚拟电子世界中生存。至此，人类彻底征服死亡，实现永生。

有人可成为神仙？

当人类研究在以下方面达到某一水平，人类成神仙就不远了。

AI 是研究、开发用于模拟、延伸和扩展人的智能的理论、方法、技术及应用系统的一门新的技术科学。

当人工智能发展到超级人工智能，知识将发生超级大爆炸，各种见所未见的新科技会以指数形式爆发。

"未来 AI 将是新电力""建立 AI 驱动型的社会""即使像谷歌和百度这样的公司也无法覆盖人工智能的全部"——这三句是吴恩达经常挂在嘴边的话。在离开百度的公开信中，吴恩达在最后强调，AI 的潜力远远大于其对技术公司的影响。

什么是人工智能？人工智能从科学上讲，它是计算机科学的前沿研究；从应用上讲，它是计算机技术的非平凡应用。人工智能本就是计算机技术。现在很多人讲人工智能是新的科学，内容涉及脑科学（神经科学）、计算机科学、统计学、社会科学等。但是迄今为止，脑科学对人工智能的贡献很小，而统计学对推动机器学习的崛起起了较大作用，但是没有人把人工智能看成统计学的分支。

目前，人工智能本质上是计算机学科的一个分支。智能化的前提是计算机化，目前不存在脱离计算机的人工智能。所以说没有计算就没有智能。

有人说信息化时代已经过去了，现在是智能化的时代，这么说不够全面。智能时代不是后信息时代，真正的后信息时代可能是生物时代。与其过分强调智能与数字化、网络化的区别，不如多强调智能化与信息化的联系。数字化和网络化没有做好，智能化就是空话。

一个新的技术出来转化成十亿的市场要二十年，变成一百亿的市场可能要三四十年。真正变成市场的技术，可能不是这几年就能变出来的，肯定能在现有的技术方面创新商业模式。人工智能公司要在这方面动脑筋，不光在技术上有新的发明，在商业模式上还要有新的创新，结合起来才可以把新的技术用好。

人工智能以云计算为动力，以大数据为原材料。那么，哪个领域是数据

规模最大和最复杂的? 当然是基因科学。

现在,在基因科学领域,最擅长处理大数据的人工智能正式入侵了:一个熟知基因奥秘的人工智能,正在悄然诞生。人工智能 + 基因科学,这两者的结合,将彻底改变人类自身的未来。有了计算科学特别是人工智能深度学习算法的帮助,基因科学正在一日千里地进步。

第一阶段:人工智能、基因检测和深度检查结合,成千上万人将在患病之前接受深度检查,由人工智能给出生命预测。人工智能,正让这种深度检查价格迅速下降:刚刚完成人类基因图谱时,个人基因组测序成本介于 1 000 万至 5 000 万美元之间。2010 年,这一成本已下降到 5 000 美元。而今,私营机构的检测成本已低至数百美元。随着人工智能的强势介入,这一价格还将持续下降。今后,人类做一次检测,或将和用体温计量一次体温一样便捷。或许在数年之内,每个新生儿都会被绘制基因组图,每个成年人都通晓生命出路。

第二阶段:人工智能医生将逐渐取代目前最优秀的医生,用基因治疗的方法,重塑体内一切组织和器官的活性。未来十年内,医生将消失,由读过无数人类病历的人工智能医生替代。从此,医疗彻底成为一项信息 + 基因的科技。依靠人工智能和基因技术,我们将能重塑体内一切组织和器官的活性,并能够开发出药物,直接锁定一种疾病背后的代谢流程,而不必再采取试探性的治疗手法。我们可以为病人添加那个缺少的基因,删除不好的基因。靶向药扫荡癌细胞,DNA 编程逆转衰老,干细胞被改写,上帝的密码防线逐渐崩溃。

第三阶段:人工智能开始大规模改造人类体内的"生命软件",即人体内被称为基因的 23 000 个"小程序",通过重新编程,帮助人类远离疾病和衰老。库兹韦尔认为,到了 2045 年,人工智能的创造力将达到巅峰,超过今天所有人类智能总和的 10 亿倍。

到了那时,人类将彻底改造基因的编程,我们上千年不再使用的陈旧基因将被抛弃,我们的生命升级成为一个更高级的操作系统。一次朝向"不死之地"的旅行,已经开启了。

人类技术的发展,不是线性的,而是指数级的增长。这种速度,用一个流行词来比喻很恰当:爆裂!是的,十倍的增长,十维度复合型多领域的飞跃,正在让人类社会面临前所未有的机遇与挑战。特别是人工智能 + 基因科学的兴起,对人类社会而言,更是一场充满期待的革命性变革!

未来人类命运

当人类发明了语言，我们有了共同的信仰，开始群居，这是第一次变革；第二次是人类进入文明社会，第三次是工业革命。现在互联网科技改变了我们的生活，最具影响力之一的是金融科技，人类由此进入第四次变革。

有史以来，地球上的 70 亿人第一次有可能被互联网全部连接起来。

理论上，如果一个人在小时候或者一出生就可以在一个手机软件里注册身份，这个数据可以全球共享，那么这个人的社会身份就是无法销毁的。

基于这些数据，或者比如金融科技中手机客户端的转账，你的账户一定存在且不可消除，所有你的社会信息也无法被删除，人一定永远存在于社会。

生物科学和人工智能同步发展，一方面使得人们越来越了解自己的结构；另一方面，人工智能也会越来越了解我们。人类在这个过程里会慢慢放弃决策权。

计算机与我们的关系，大概分三步走：第一步，算法相当于我们身边的先知，你可以向它咨询，但决策权在你手里；第二步，算法相当于我们的代理人，它在处理你的事务前会告诉你一个大的方向和原则，并自行决策执行中遇到的一些小问题；第三步，算法成了我们的君主，你索性什么都听它的。

未来的算法或将决定一切，并由内而外，全面地了解人类。这样的算法是否会对人类造成威胁？我们还不知道答案。就像动物无法理解人类的思维一样，人类也可能永远无法理解那时的人工智能。

在人工智能普及后，人类中的很大一部分人会失去现有的工作。用开放的心态想，人工智能的普及也许会带来生产力的大幅提高，整个世界就不需要所有人都努力工作，就可以保证全人类的物质富足。在这样的基础上，给每个人定期发放基本生活资助，那所有人就可以自由选择自己想要的生活方式。喜欢工作的人可以继续工作，不喜欢工作的人可以选择旅游、娱乐、享受生活，还可以完全从个人兴趣出发，去学习和从事艺术创造，愉悦身心。由此也会带来文化娱乐产业的极大发展，未来的虚拟现实（VR）和增强现实（AR）技术会深入到千家万户和每个人的生活中去，成为人类一种全新的娱乐方式。

也许，那时还有一种人是不受算法控制的人，少数人类精英继续从事科学研究和前沿技术开发，他们就是控制算法的精英。算法也许不能理解这些精英，也不知道他们有什么需求，这些人才是未来世界的主人，站在算法系统背后，拥有"上帝视角"做世界上最重要的决策的人。

毫无疑问，人工智能的未来掌握在那些创造、开发和使用者手中。人工智能会改变世界，但是人工智能对人类会怎样？但愿到时候还有人能维护人类的尊严。

人工智能变得越来越聪明，通过它我们会得到激发，创造更多不可能的事。一个公司可以有几十亿的客户，而且他们得到这些服务会很开心。这就是可能性，我们要打开我们的眼界。在 2036 年，我们可以做什么样的预测呢？那时候虚拟现实和人工智能可能变得不重要了。未来 20 年最伟大的产品现在还没有，我们大家都还没有见过它，它可能在未来 20 年才会被创造，它可能是一个现在仍然从未存在过的东西。在 1991 年讨论未来时，可能不会把互联网算进去，而现在我们会创造一个比互联网更加厉害的东西。可能我们会在这上面分享经验，然后也会融入人工智能的部分，追踪所有我们可以追踪的东西，屏读我们所有能屏读的东西。也就是说未来 20 年最大的产品还没有问世。我们现在还处在最开端，我们都可以接受这个挑战，塑造未来 20 年的未来。就算你看了本书对未来描述的所有内容，但是我们最好的发明还没有面世，我们最美好的时代还没有到来。在未来的 20 年，我们现在所拥有的事情规模可能会变得更大，发展得更快，可能有更多人的参与。而我们现在只处在最开始的阶段，已经发生的事情其实并不算什么，我们以后将会见证更多、更有趣、更美好的事情。

信数据，得永生

据外媒报道，著名的天体物理学家、宇宙学家和诺贝尔奖获得者乔治·斯穆特，提出了一些令人难以置信的言论，声称人类很可能一直生活在一个虚拟的世界中。他认为最有力的证据就是人类可以制作虚拟现实的场景，包括游戏和 VR，人类很可能是生活在一个已经被设置好的程序之中。其实乔治所提出的想法在电影《异次元骇客》中就存在，人类都是电脑程序中的一串数据而已，当主机关闭，我们的世界就要重启。

乔治声称："人类将来一定会制造出一个虚拟世界的环境，或许有一天可以将我们的意识和思维传输到电脑上的虚拟世界，就像把 U 盘里的数据拷贝到电脑上一样简单，这样即使肉体死亡了，我们的思维和意识也将永远存在"。目前，谷歌已经在研究如何将人类的思维传输到计算机中，估计到 2050 年可以初步实现。毕竟连换头手术都可以实现，这个应该是小意思！①

乔治认为我们现在生活的环境至少有 50% 的概率是模拟出来的，通过提出原始宇宙的理论来论证这一观点，原始宇宙指的是一个包含许多小宇宙的大宇宙。他认为让许多宇宙集合在一起的这种方式，就是制造不同的虚拟环境。这种说法和平行宇宙非常像，说不定在另一个小宇宙里面有一个和我们一样的人，但是他们的人生轨迹和我们都不相同。

工程师将来可以利用超级计算机来实现这种原始宇宙的制作，人类现在所生活的这个宇宙说不定也是被制造出来的。因为按照目前的科学理论，我们都知道能量不会无缘无故产生，也不会无缘无故消失，只会从一种形式变成另一种形式，既然是这样，最初的能量从哪里来？宇宙大爆炸的能量从哪里来？显然，目前没有人可以回答，当遇上这种问题时，我们就要思索，人类和这个世界究竟是不是真实的？

我们也许就像在电脑中一个被安排在某个地方的 NPC，不管你是向右或向左走，还是向前或向后走，都可以。这只是被电脑提前设定为随机的一部分，这也是让人感觉有一定的自由，可以让人类不会产生怀疑这个世界的想法，但是不管你怎么走，也走不出这个空间，因为这是设定好的。比如宇宙边缘，就是这个空间的界限，因为让你感觉大，所以你不会怀疑，你只是认为科技达不到。

根据个人数据库，在生物科技和计算机算法的协助之下，电脑可能控制我们每分每秒的存在，甚至将塑造我们的身体、大脑和心智，创造出完整的虚拟世界。

在数字世界里，一个人的生死已经不由肉体的生死决定，而是取决于他留存于世的所有的数据集合。

---

① 人类生活在模拟世界中吗？科学家：至少有 50% 的概率. http://mini. eastday. com/ a/171005185045302. html. DK）]

从大数据生产"粮食"的角度来看，如果生产数据的人就是活的，不生产数据的人就是死的，那我们真正的生命还比不过机器、比不过灯泡、比不过一个开关。开关每天生产各种数据，路边的高清摄像头每天产生的数据都比个人一年产生的数据还多。因此在数字世界里，个人生死包括其价值也都有不一样的考量。就是当人类发展到了一定的程度，并发展出可以操控自身意识时，依据个人数据，人类可能会把自身变成一个代码，克服自身的生理缺陷，因此获得永生。

从现在开始起注重个人数据收集，开始注重养生和健康的生活方式，也许也有可能会踏上人类永生的阶梯。

斯人已逝，数据永存

中国刚刚宣布在量子通信领域位于世界前列，"量子"这个词就频频出现在我们视野中，在物理学发展的历史上，从牛顿的经典力学到爱因斯坦的相对论，再到如今非常热门的"量子力学"领域，科学的一次次革新都给人们带来了生活上的便利和知识上的拓展。

量子力学的概念比较难科普，可以理解为描述微观世界中粒子的状态和可能性。在量子力学中有一个术语叫作"量子纠缠"，爱因斯坦称它为幽灵般的存在。说的就是两个或两个以上的粒子，它们相距非常远的距离，其中一个粒子的行为和状态将会影响另一个粒子的状态。

那么量子纠缠和人类的生死有什么关系呢？

人的生与死还有对世界的感知都是脑部给人的一个信号，换一种说法，人的意识只要一直存在，哪怕身体死亡也能感知世界，在这里人的意识可以称为量子信息。1996年美国的物理学家哈默洛夫曾提出一个尚未被证实的概念，他表示人活着的时候意识（量子信息）存在于大脑的某个部位中，当人死后，这些量子信息开始在肉体中消失，但是由于人的量子信息存在量子纠缠的状态，与我们量子信息相呼应的另一个空间区域的量子被激活，相当于人死后意识去了别的地方，所以很多宗教文献都说人死后会去另一个世界，也许就是意识的转移。

　　这个说法似乎合理了很多，由于量子纠缠的存在，可以做到人类想都不敢想的"瞬移"，我们的意识会去到和它纠缠有关联的地方，可能是宇宙的某个角落，也可能是更高维度或者其他平行宇宙。量子力学理论已经是目前有关人类生死之谜最科学的理论了，按照这个理论，我们的肉体会有死亡的一天，但是我们的灵魂意识可能会存在非常长的时间甚至永远不灭。